"十三五"精品课程规划教材——艺术设计类

商业空间设计

COMMERCIAL SPACE DESIGN

主 编：罗中霞 冯 艳 张 慧
副主编：于新建 许雁翔 潘 虹 刘 丹

安徽美术出版社
全国百佳图书出版单位

内容简介

市场经济的作用与传统消费观念的变化，使商业空间设计成为美化环境、吸引顾客的经营竞争条件和手段，它将直接或间接地带来商机，产生一定的经济效益。现代商业空间设计并非简单的界面装饰，其设计内容更具综合性和系统性。本书力求贴近专业需要、教学实际和学生认知特点，以建筑学、美学、消费心理学、人体工程学为理论基础，将理论与设计案例结合起来，全面而系统地叙述和展示商业空间的细部设计。

本书共分八章，主要内容包括：商业空间设计的重点理论知识、商场的和专卖店的艺术设计手法、商场柜架组合与造型设计、商场休闲及观赏空间的分类及设计要点、商店的店面、色彩、材料、灯光设计、商业空间设计程序与效果表现。本书涵盖总体设计、平面布局和各种细部设计相关内容，并涉及尺度、技术、材料等各方面的设计，全面系统，循序递进，完整地体现了商业空间的设计方法、艺术处理的特殊要求与规范标准，力求使读者思路开阔，眼界拓展，灵感闪现，激发其设计创作的动力。

图书在版编目（CIP）数据

商业空间设计 / 罗中霞，冯艳，张慧主编 . —合肥：安徽美术出版社，2017.5
ISBN 978-7-5398-7757-0

Ⅰ.①商⋯　Ⅱ.①罗⋯　②冯⋯　③张⋯　Ⅲ.①商业建筑－室内设计－空间设计－教材　Ⅳ.① TU247

中国版本图书馆 CIP 数据核字（2017）第 114394 号

敬　告

由于本书出版时间紧迫，编者没能及时与书中部分图片的作者取得联系，敬请有著作权的相关图片作者见书后尽快与我们联系，以便向您支付稿酬并致谢忱！

安徽美术出版社

商业空间设计
SHANGYE KONGJIAN SHEJI

出 版 人：唐元明　　责任编辑：史春霖
责任校对：司开江　　责任印制：徐海燕
版式设计：北京美维思创图文设计有限公司
封面设计：王子莉
出版发行：安徽美术出版社（http://www.ahmscbs.com/）
地　　址：合肥市政务文化新区翡翠路 1118 号出版传媒广场 14 层
邮　　编：230071
销售热线：010-61057501（省外）　18210309277（省外）　0551-63533604（省内）
印　　刷：天津雅泽印刷有限公司
开　　本：889 mm×1194 mm　1/16
印　　张：7.75
版　　次：2017 年 6 月第 1 版　2023 年 1 月第 5 次印刷
书　　号：ISBN 978-7-5398-7757-0
定　　价：48.80 元

版权所有，请勿翻印、转载。如有倒装、破损、少页等印装质量问题，请与销售热线联系调换
本社法律顾问：安徽承义律师事务所 孙卫东律师

前　言

　　商业空间设计是一门研究商业环境空间的概念、认识、形态以及商业环境空间的综合设计的专业课程，包括商业环境空间的功能分区、人流组织、环境气氛的营造、照明设计、色彩搭配以及材料的运用等。可以说，商业空间设计是设计专业中富有新意、开拓思维、建构知识、试验研究的系统性课程，具有实践性、技巧性的特征，是一门理论与实践、艺术与技术结合的专业课程。课程的教学目的是使学生掌握商业环境空间设计的形式、方法和规律以及商业环境中照明、色彩和材料的运用，具有独立的综合设计表现能力，具备分析、评价优秀作品的能力以及独立完成实战设计的能力。在具体的技术应用实践中，提高学生信息收集、语言表达、自我学习、开拓创新、分析问题和解决问题的能力，培养团结协作、独立思考的良好素质和品德，建立科学的商业空间设计观念。

　　商业空间设计是环境设计专业中室内设计方向的主干课程。本书力图对商业购物空间规划与设计有一个系统的叙述和分析，特别从综合性商场和专卖店空间环境入手，全面介绍了商场和专卖店空间的功能分区、人流动线组织、色彩搭配、材料选择、陈列柜架与展台、橱窗、招牌等设计内容、原则与实例分析，努力使本书在完整性与系统性、理论性与实践性、教学运用与设计实践等方面具有一定的特色。

　　本书引用最新的理论和最前沿的案例，在编写过程中，得到安徽工程大学艺术学院、滁州学院、三江学院、安徽新华学院动漫学院、校企合作单位合肥许建国建筑室内装饰设计有限公司、江苏工程职业技术学院、安徽美术出版社相关人员的大力支持和帮助，在此表示衷心的感谢。本书所用图片和案例或来自文献和网站，或为学生作业，或为自绘、自摄，或由好友、同事及合肥许建国建筑室内装饰设计有限公司提供，在此一并感谢。

　　本人深感该领域宽广、精深而自己的学识有限，唯恐本书在教学深度和创新方面有不成熟之处，衷心希望同行专家、教师和广大读者批评指正，以便我们能进一步促进专业教学的不断革新与进步。

罗中霞

基金项目支持：

安徽省高等学校省级质量工程环境设计专业综合改革试点项目（2015zy030）；

安徽工程大学本科教学质量提升计划环境设计专业综合改革试点项目（2014zyzhgg02）；

安徽工程大学本科教学质量提升计划项目：《商业空间环境设计》课程教学内容与教学模式创新研究（2015jyxm21）。

目录 Contents

第1章 商业空间概述

第一节 商业空间的沿革 ········· 2
第二节 商业空间分类 ········· 4
第三节 商业空间的构成及其与人体工程学、消费心理学 ········· 9
第四节 商业空间的设计风格 ········· 14

第2章 商场室内空间布局设计

第一节 商场的类型 ········· 20
第二节 商场商品类别的划分与布局 ········· 25
第三节 商场人流动线组织 ········· 27

第3章 商场柜架组合与造型设计

第一节 商场柜架的组合形式 ········· 40
第二节 商场柜架的造型与尺寸 ········· 43

第4章 商场休闲及观赏空间设计

第一节 休闲空间设计 ········· 50
第二节 观赏空间的设计 ········· 55

第5章 店面设计

第一节 入口设计 ········· 62
第二节 橱窗设计 ········· 65
第三节 招牌设计 ········· 69

第6章 商业空间色彩设计

第一节　商业空间色彩的情感表达 ·· 74
第二节　商业空间色彩设计的原则 ·· 77

第7章 商场界面装饰材料及照明设计

第一节　商场装饰材料的选用 ··· 82
第二节　商业空间照明设计 ·· 88

第8章 商业空间设计程序与效果表现

第一节　商业空间的设计程序 ··· 96
第二节　商业空间的效果表现 ·· 100

参考文献 ··· 115

第1章　商业空间概述

商业空间设计是环境设计专业的必修课程，以市场为导向，强调专业与社会相融合，涵盖了商业空间的设计特点、人机工程学、照明和色彩、装饰材料和工艺，为培养具有独立的设计思想、开阔的设计创意、良好的设计表现、多维的设计实践的应用型设计人才打下基础。

本章主要讲解商业空间的沿革、商业空间分类、商业空间的构成要素、消费者的商业空间行为和商业空间的设计风格，要求学生充分了解商业行为的历史沿革，重点掌握商业空间的构成要素，熟悉消费者的消费心理，理解商业空间的设计风格并能够灵活运用。

第一节 商业空间的沿革

原始生产时期就已经开始"以物易物""互通有无"地进行不定期交易的商业活动,《易经》对神农创市做了具体的记述："神农氏以日中为市，致天下之民，聚天下之货，交易而退，各得其所"，这里的"市"就是一种露天的交易场所。后来发展为以"赶集"和"庙会"等形式固定下来的定期集市形式，而聚集于渡口、驿站等交通要道处的、相对固定的货贩以及为来往客商提供食宿的客栈成为固定的商铺的原型。

我国古代的商业活动在宋朝以前，依照《周礼》所载的"市"制而设市；宋朝以后，冲破市制而演变为临街设店，成为行、市结合的商业布局，商业活动更为开放、自由，这一变化使城市中的大小商店冲破了市的封锁而演变为集市。集市是最贴近传统售卖方式的商业环境，面向大众化消费者，仅以满足购物需要为目的。随着商业活动从非定期发展到定期、由流动发展为固定、由分散发展到集中，商业空间也就从流动的时空逐渐演变为特定的时空。（如图1-1所示）

图1-1 宋朝的商业情形 张择端 《清明上河图》局部 宋

图1-2 哈尔滨秋林商行

鸦片战争爆发以后，中国沦为了半封建半殖民地社会。19世纪末帝国主义列强在沿海通商口岸陆续兴建大量银行、饭馆、洋行等商业、服务建筑，并将"百货公司大楼"这一经销各种百货的全盘西化的"综合大楼"形式引入中国，如哈尔滨的秋林商行（1904，如图1-2所示）、天津市的中原公司（1927）等，现代商业空间形式正式在我国出现。

20世纪初，沪、津、汉口等城市的租界区基本形成并逐渐成为城市的主体，西方建筑形式已在中国扎根，这一时期的商业空间得到了迅速的发展，并涌现了一些新的类型与形式。劝业场是西方近代综合性百货大商场在中国的表现形式，它是在我国传统市场的基础上，效法国外陈列和推销商品的经营手段，采用新结构、新样式发展起来的一种综合市场，如武昌旧城区的"两湖劝业场"、天津法租界的劝业场（如图1-3所示）、青岛市场三路的中日合资公立市场（如图1-4所示）等。随着新兴商业空间的蓬勃发展，我国传统商业空间开始衰落并发生一系列变革：传统的行业街市及庙会逐渐解体、消失，洋式店面产生，新兴的城市商业中心及商业街开始形成。

图1-3　天津法租界的劝业场　　　　　图1-4　青岛市场三路的中日合资公立市场

新中国成立初期，商业采用的是按行政区划、行政层次调拨商品的体制，这一时期商业空间的主要形式是零售的百货商店，其商品的种类和质量都仅仅停留在满足人们基本温饱的层面上。到20世纪80年代末90年代初，改革开放的成果极大推动了我国经济、城市建设等方面的飞速发展，我国各地陆续建设了一大批具有现代化气息的商业设施。这些商业设施大多采用先进的建筑技术和材料，建造起多层的、能容纳大量陈列商品及客流的大型商业交易空间，同时还使用电梯、自动扶梯、采暖、通风、照明等现代技术设备。20世纪90年代末，网络技术迅猛发展，网上购物、电子商务等"信息化"购物方式的出现，使消费者通过网络与电视便可了解产品，通过邮递、电话、电子邮件便可进行选购，这给商业实体店带来了一定的冲击。在社会经济体制的不断改革中，商业空间发生了巨大而深刻的变化，形成了一个开放式的、舒适的、多元的、多层次、有计划、有竞争的商品市场。（如图1-5～图1-7所示）

图1-5　20世纪80年代的商场

图1-6 20世纪90年代的百货商场

图1-7 充满现代气息的百货商场

第二节　商业空间分类

商业空间环境种类繁多，主要形式是各类商店，大致可以分为九类。

一、百货商店（Department Store）

在欧洲进入工业化社会，城市人口激增，消费能力、大众交通能力都明显提高的背景下，现代大规模的百货业应运而生。1852年，阿里斯蒂德·布西科（Aristide Boucicaut，1810－1877）在巴黎创办了博尔马谢商店，实行一套全新的经营策略，以规模大、品种全、设施好、明码标价、不还价、免费包装送货并可退货、低毛利、高回转的经营方针，成为世界上第一家百货商店。随后1958年在美国出现了梅西百货商店，1858年在德国诞生了尔拉海姆百货商店，1934年在英国成立了哈罗德百货商店等。百货商店具有商品品种繁多、购物环境较好的特点，获得了迅速的发展。（如图1-8、图1-9所示）

图1-8 梅西百货商店

图1-9 巴黎老佛爷百货商店大厅

二、邮购（Mail Order）

邮购是有别于其他商业空间形式的一种特殊的商业形式，1880年始于美国，起因是由于幅员辽阔、农村人口分散、购物不便，有善经营的商人以商品图录和价格标志的方式，使消费者有机会参考选购，风行一时，是一种零售业的新形态。1898年，美国邮政局正式宣布对农民提供免费的邮递服务。1913年，包裹邮递制度确立。邮购商店联络顾客的方法有三种：寄送商品图片或照片的售货目录；在报纸、杂志上登广告；设置电话售货中心，接受电话订货。

三、超级市场（Super Market）

超级市场是一种综合成本较低、薄利多销、采取自助方式购物的商店，简称超市。1916年，克拉伦斯·桑德斯（Clarance Saunders，1881－1953），在美国田纳西州孟菲斯市开办了一家名为"Piggly Wiggly"的新式自助服务商店，采取顾客自己取货，然后到出口付款的方式，成为超级市场的雏形。1930年，金·卡伦食品店在纽约州长岛开业，因经营品种齐全、面积较大，成为第一家具有现代意义的超级市场。

随着汽车的普及、超级市场的郊区化发展、冰箱家庭化以及包装技术的进步，罐装食品、真空包装、防腐技术及各种工业产品的包装及保护技术，使得一般家庭可以到较远的超级市场一次性采购较多的生活用品，并保存很长时间。（如图1-10、图1-11所示）

图1-10　第一家自助服务商店——Piggly Wiggly

图1-11　瑞典的一家超市

四、购物中心（Shopping Center）

购物中心由一家或几家大中型商场或商城和各类商业空间及配套设施组成，集百货、超市、餐饮、休闲和娱乐于一体。在汽车普及及郊区化发展的同时，购物中心顺应时代的需求也应运而生。1931年在得克萨斯州的达拉斯诞生了高原广场购物城，被视为世界上第一个标准的购物中心，其中包括许多零售商店、银行、美容店、电影院和办公楼等。

国际购物中心协会（International Council of Shopping Centers，ICSC）于1960年认为，购物中心具有下列特征：（1）计划、设立、经营都在统一的组织体系下运作；（2）适应管理的需要，产权要求统一，不可分割；（3）尊重顾客的选择权，使其实现一次购足的目的；（4）拥有足够数量的停车场；（5）有更新地区或创造新商圈的贡献。（如图1-12、图1-13所示）

图1-12　伊斯坦布尔Cevahir购物中心

图1-13　迪拜酋长国购物中心

五、商业街（Shopping Street）

商业街是地面的街道商业空间，是限时、限类或完全禁止机动车交通，实行步行方式的街区。一般位于城市中心区，以露天街道为主要空间形式，如巴黎香榭丽舍大街、哥本哈根Straedet步行街、武汉的楚河汉街等。（如图1-14～图1-16所示）

图1-14　巴黎香榭丽舍大街

图1-15　武汉的楚河汉街

图1-16　厦门中山路步行街

1967年，美国明尼苏达州尼古莱步行商业街的建立，标志着现代步行街建设的全面开始。20世纪70年代，欧美各国开始实施城市复兴计划，步行商业街建设迅速发展并达到高潮。20世纪80年代，步行街更加注重功能的综合化和城市景观的创造。20世纪90年代，出现了由旧街改造而全新建设的新步行商业街。

六、连锁店（Chain Stores）

世界上第一家近代连锁店是1859年在美国纽约创办的大美国茶叶公司，1869年更名为大西洋和太平洋茶叶公司（Great Atlantic & Pacific Tea Co，A&P）。19世纪60年代，美国已初步完成了工业革命，工业革命不仅为社会提供了大量的商品，也使得资本大量集中，为连锁经营的产生提供了基础。连锁店借助于快捷的交通工具和先进的通信工具，在各地设立分店，以大批量的进货、集中配送、低价格销售、相对统一的设计风格、CI（企业识别形象）

图1-17　A&P店面

设计和服务标准，建立了良好的企业形象。连锁店的服务空间范围逐渐延伸到速食快餐业、食品零售业、酒店业、服务业等各个领域。（如图1-17～图1-19所示）

图1-18　肯德基餐饮连锁店

图1-19　星巴克咖啡连锁店

七、量贩店（Wholesale Stores）

量贩店是指"大量批发的超市"，亦称仓储式超市，20世纪60年代末出现在美国。量贩店以库为店，多为厂家直销，货物种类多，批量、批发销售，价格低廉。量贩店利用顾客自助式选购的连锁经营优势，亦自行开发自己的品牌，以其低成本经营的优势对零售业及超市造成巨大的威胁。如美国的好市多、英国的乐购、德国的麦德龙等。（如图1-20、图1-21所示）

图 1-20　好市多销售空间　　　　　　　图 1-21　麦德龙销售空间

八、便利店（Convenient Store）

1946 年，美国得克萨斯州的南方公司（Southland Corporation）创立了世界上第一家便利店 7-ELEVEN。便利店是超级市场发展到相对成熟的阶段后，从超级市场中分化出来的一种零售业态。便利店之所以能够出现并迅速发展，其原因在于随着生活水平的提高和生活节奏的加快，消费者的购物方式开始强调"购物的便利"。便利店多是以食品、饮料为主的小型商店，以 24 小时营业的方式方便社区生活，并为顾客提供多层次的服务，如速递、复印、代付水电费、代订车票和飞机票等，具有距离便利、购物便利、时间便利、服务便利的特点，如各地的"罗森""快客"等。（如图 1-22、图 1-23 所示）

图 1-22　日本的 7-ELEVEN 便利店　　　　　　图 1-23　快客便利店

九、专卖店（Speciality Stores）

专卖店是近几十年来在市场经济条件下产生的一种特有的经营方式，它经营的商品有很强的针对性。专卖店有两种形式：一种是以某品牌商品为销售对象的专卖店，如 OMEGA 专卖店、苹果专卖店、Nike 专卖店等；一种是以某类商品类型组成的专卖店，如家用电器商城、鞋城、服装店、花店、眼镜店等。大多数商品专卖店以其对某类或系列商品完善的服务和销售，树立其品牌形象，进行针对消费群体的定位宣传。（如图 1-24～图 1-26 所示）

图 1-24　OMEGA 专卖店

图 1-25　苹果专卖店

图 1-26　花店

第三节　商业空间的构成与人体工程学、消费心理学

一、商业空间的构成

商业空间是提供有关设施、服务或产品以满足商业活动需求的场所，也是人类活动空间中最复杂、最多元的空间类别之一。商业空间是由人、物、空间三者之间的相互关系构成的。

人与空间的关系：空间为人的活动提供了场所，包括物质的获得、精神的感受和信息的交流。

人与物的关系：一种交流的功能，物为人提供了使用功能，并传达相关的信息（包括识别、美感、知识等）。

空间与物的关系：空间提供了物的放置（陈列、储藏等），同时集合的物也构成了新的空间。

所有关系中，人是活动的，并具有相对的主动性；空间和物是相对固定的或被动的。

随着时代的发展，现代意义上的商业空间大致具有以下四类功能：

展示性（Show）——以陈列、展示、表演等方式展示和传达有关商品自身的以及附加的信息。

服务性（Service）——提供各种有形或无形的服务，包括购物、休闲、咨询、汇兑、租赁、寄存、修理、餐饮、美容等。

娱乐性（Amusement）——提供影院剧场、儿童游乐、电子游戏、运动休闲等调剂身心的活动。

文化性（Culture）——传递文化，交流信息，展示时尚。

二、商业空间与人体工程学

人体工程学起源于英国，形成于美国，原先是在工业社会中开始大量生产和使用机械设施的情况下，探求人和机械之间的关系。在第二次世界大战后，各国把人体工程学的实践和研究成果运用到工业生产、日常生活、建筑及室内设计等领域中。人体工程学强调从人自身出发，根据人的解剖、生理与心理等特性，了解并掌握人的活动能力及其极限，综合考虑人与物或人与环境的关系、人的身心活动要求，让人能够安全、健康、高效能和舒适地生活和工作。

人和人的尺度各不相同，以一个群体作为对象进行考察，可以发现人类的尺度是具有一定的分布规律的。以人体测量学对众多人进行测量后，运用数理统计分析处理，总结出其分布规律。如美国成年男性的平均身高为174.8cm，日本男性的平均身高则为166.9cm，法国成年男性的平均身高为169.9cm，我国成年男性的平均身高为167cm。通过数值的比较，就可以大致了解这个群体的身高情况。这些通过测量和数量统计得出的数值是我们确定商业活动有关尺度的依据。（如图1-27、图1-28所示）

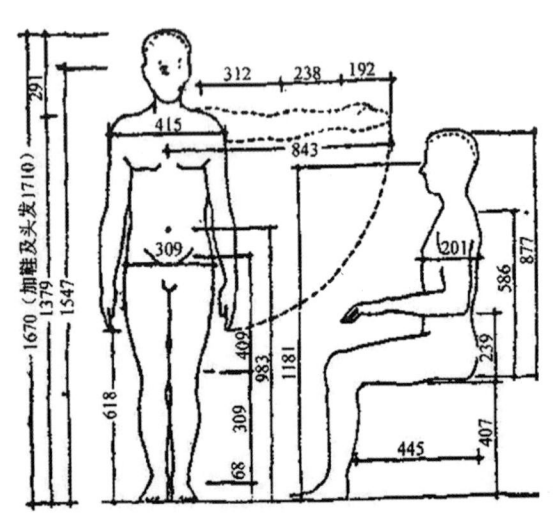
图1-27 成年男子身体各部分的平均尺寸（单位：mm）

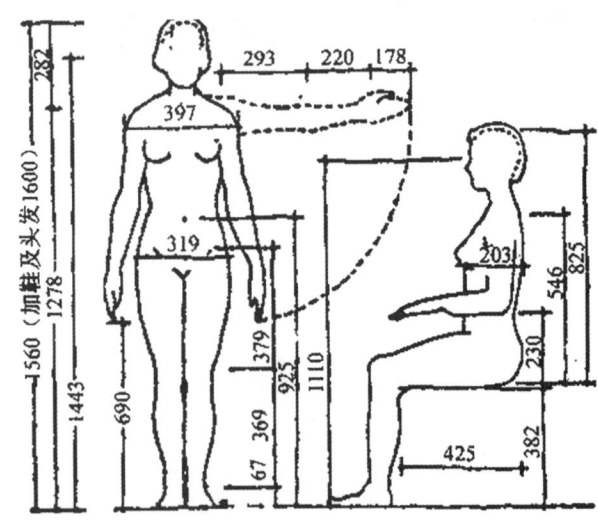
图1-28 成年女子身体各部分的平均尺寸（单位：mm）

1. 陈列密度

陈列密度是指空间的分割与组合、商品陈列、人行通道等要素所占整个商业空间的百分比。大型商业空间陈列密度以30%～50%为宜，小型商业空间设计不宜超过60%。过大或过小的密度，都会影响商业空间的整体效果。过大的密度，容易造成购物客流的拥挤，使人产生不安的心理，影响商品的销售和信息的传达；过小的陈列密度，则会使商业空间显得空旷、贫乏，空间利用率低，影响商家的经济效益。陈列密度的大小还与商业空间高度有直接的关系。商业空间较宽敞时，可使陈列密度稍大，也不显得拥挤；如果展示空间低矮，同样的陈列密度则会显得拥挤。

尽可能合理地规划商业空间，恰当地布置陈列密度。一般，商业空间的通道宽度是按人流股数计算的（每股人流以600mm计），通道最窄处应能通过2～4股人流，最宽处可通行8～10股人流。需要环视的商品周围至少应有2m左右宽的通道，低于这些标准，可能会造成人流堵塞，或损坏展品。（如图1-29、图1-30所示）

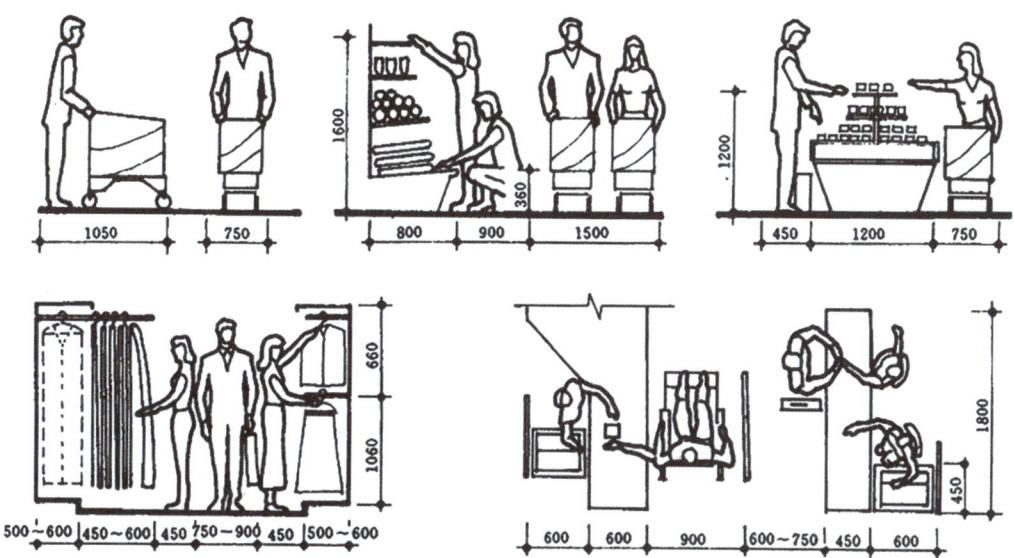

图1-29　柜台、货架的基本尺寸与顾客的活动尺度示意图

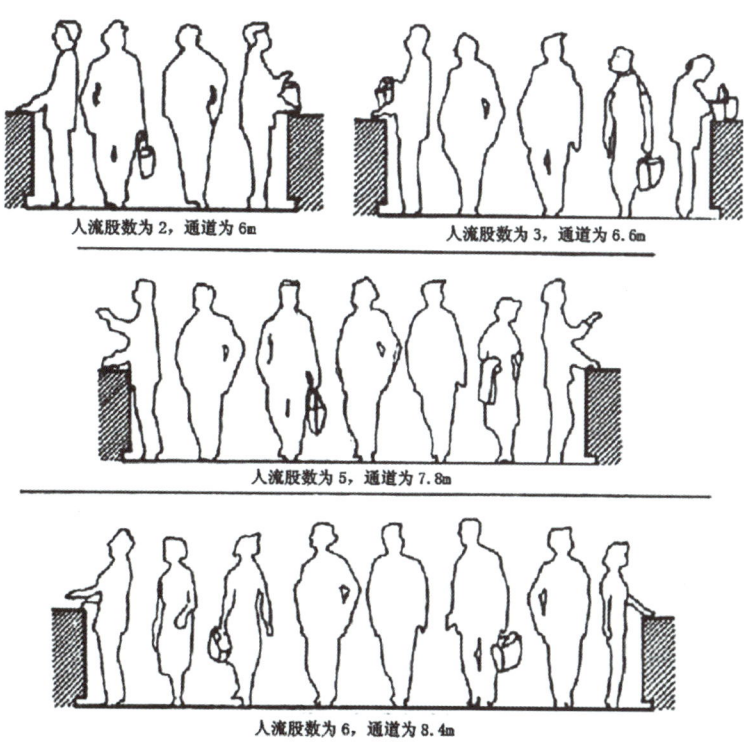

图1-30　人流股数与通道的关系

2. 陈列高度

陈列高度是指商品或展品与购物者视线的相对位置。人机工程学的研究表明：人体的最佳视觉区域是在水平视线高度以上20cm与以下40cm之间这个60cm宽的水平区域。一般陈列高度不宜超过350cm；经常运用的陈列高度是80cm～250cm之间的区域；有效陈列区域一般是指离地板约60cm～190cm的水平区域，这是一个能被观者主动注视的范围。而60cm以下、190cm以上的区域是观者不易注视、接触的区域。（如图1-31、图1-32所示）

在实际应用中，60cm以下的区域常作为仓储空间使用，而190cm以上的区域能引起观者远距离的注意，一般用作导引系统的标示、广告的布置、企业形象的宣传等，但其高度一般不宜超过250cm。这样人们在购物时不致抬头或弯腰下蹲，人的颈脊、腰椎处于正常的活动范围之内，不会感到吃力和疲劳。

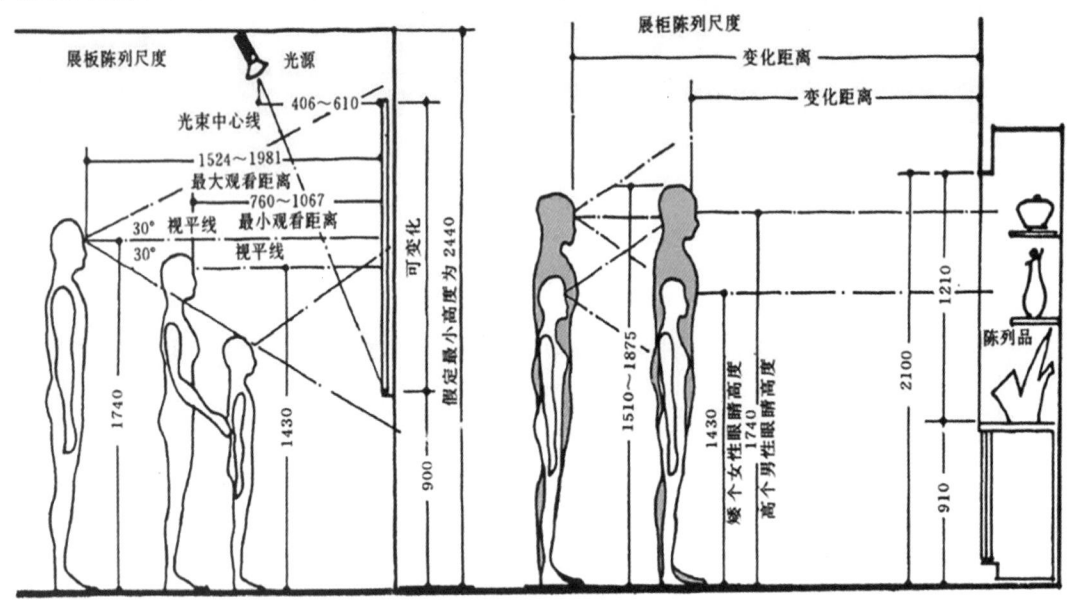

图1-31 视域与陈列尺度

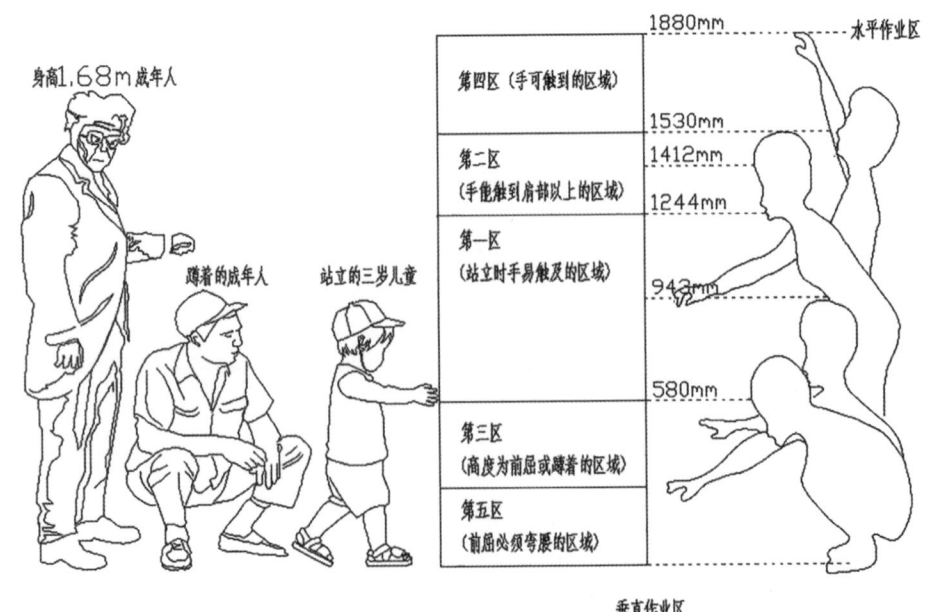

图1-32 人活动的垂直空间区域

三、商业空间与消费心理学

1. 消费者的商业空间行为

一般消费者的商业空间行为分为消费行为和非消费行为。

（1）消费行为

消费者在购物过程中的消费行为可以分为购物、饮食和娱乐。

购物行为主要表现在接近商品和选择与比较两个方面。消费者购买商品时，不仅希望清楚地看到商品的形状、颜色、大小，而且希望能了解更多的信息。如购买衣服要用手触摸，感受一下质地材料，试穿一下看是否合身；购买家电要详细观察外观，了解功能等。在消费者决定购买任何商品之前，存在着比较、选择的过程，尤其是在购买高档或珍贵商品时，往往货比三家。大型的购物环境中聚集数百上千家商店，传递多方面信息，方便消费者选择与比较，易于产生商业聚集效应。

饮食行为可分为消除饥渴、享受美食和社交三种类型的需求。消除饥渴类饮食行为一般对饮食环境的要求不高，有较强的顺带性和就近性，自由随意；享受美食类饮食行为有较强的选择性，对食品的口味、特色、饮食环境都有一定的要求。社交类饮食行为的目的性较强，如谈生意、聚会、约会等，对环境气氛、食品口味要求较高，购物对这类顾客来说只是一种顺便行为。

娱乐可分为参与性和旁观性。参与性娱乐包括跳舞、卡拉OK、滑冰、打保龄球等；旁观性娱乐包括看电影、看演出、听音乐会等。

（2）非消费行为

商业空间中常见的非消费行为包括停息、交往、感受、行走等，这些活动时常交织在一起。

停息包括随机性步行暂停和休息。如等待过街、路遇熟人、突然注意到某事物而停下来多看几眼等，它随时随地都可能发生，一般持续时间较短。休息可以分为站和坐两种。一般站的时间较短，坐的时间较长，选择休息场地往往喜欢靠近支撑物或边缘，如柱廊、广场边缘、墙边踏步、树木周围、墙壁内侧转角处等。

交往的最基本方式是交谈。在商业空间中人们的交谈可以分为三种：与结伴同行者交谈、路遇熟人的寒暄、与陌生人交谈。结伴同行者之间的交谈随时随地可能发生。路遇熟人的寒暄，当行人十分拥挤时，熟人相遇时往往只是点头问候一两句就各自离开；当周围环境中可以找到较适宜的地点时，熟人相遇往往会停下来聊一会儿。陌生人之间的社交性交谈，一般只会发生在周围环境舒适自在、交谈双方情绪比较松弛或对某一事物有共同兴趣的情况下，休闲游乐场所往往容易引起陌生人之间的交谈。

感受是人通过自身的感官直接从外界获取信息的行为，可分为观察、聆听、触摸等。如人们喜欢观察他人的相貌、举止、衣着和活动，就是所谓的"人看人"现象。作为服务设施的商业建筑，应该满足人们的这种行为要求，如营造良好的听觉环境，使人喜悦、放松，产生倾听、观察的愿望。

行走可分为有目的行走和随意行走。在商业空间中，有目的行走包括到达、寻找和离开等一系列活动，受外界环境影响较小，通常会选择便捷的途径，在一定时间和一定方向容易形成汇集的人流。随意行走大多目的性不强，步行比较缓慢，常常时走、时停、时看，受到外界环境如气候、有趣的环境、人流的变化、人的活动等因素影响，行走路线和方向容易发生变化。

2. 消费者的购物心理与行为

购买者的心理及相应销售者的对策是商业的本质所在。购物行为是顾客为满足自己生活需要进行购买交易的行为。消费者的购买心理活动可分为"认识——知识——评定——诚信——行为——体验"六个阶段和"认识——情绪——意志"三个过程,它们相互依存、互为关联。(如图1-33所示)

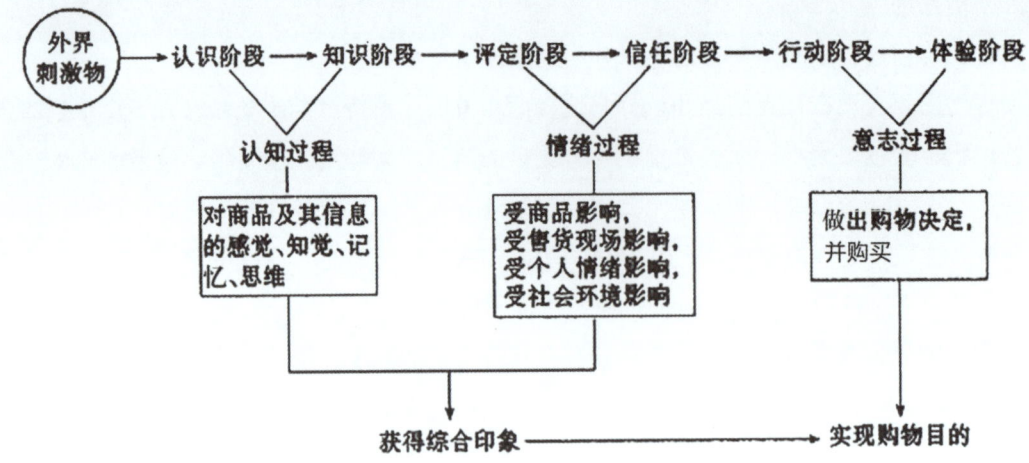

图1-33 人的购买心理阶段与过程

(1)认知过程:认识商品、了解服务是消费行为的前提。消费者在最开始通过外界的刺激,获得的商品信息,如广告宣传、朋友介绍、商品包装、商品陈列、商品介绍、现场气氛等,经过内在的心理活动,形成对商品的认识和购买行为的初步决定。

(2)情绪过程:在认知的基础上消费者经过一系列的比较、分析、思考直到做出判断的心理过程。商品的本质、包装、陈列、介绍与购物环境等因素进一步影响消费情绪和购买行为。

(3)意志过程:通过认知和情感的心理过程,使消费者有了明确的购买目的,这是排除其他不购买的干扰因素,最终实施购买的行为过程。

第四节 商业空间的设计风格

一、传统风格

传统风格的商业空间设计,是在商业空间的布置、色调、各界面的造型和处理以及家具、陈设、灯光等方面,吸取传统装饰"形""神"的特征。例如空间中使用我国传统木材构架建筑室内藻井天棚、挂落、雀替等装饰构件;家具与屏风、博古架等相结合,追求一种诗情画意的气氛,体现华丽、祥和、宁静的独特风格。西方传统风格包括仿罗马风、哥特式、文艺复兴式、巴洛克、洛可可、古典主义等,如壁炉、

图1-34 中式风格的茶叶店

天花、墙面与绘画、雕塑等相结合。此外，还有日本传统风格、印度传统风格、伊斯兰传统风格、北非城堡风格等。传统风格常给人们以历史延续和地域文明的感受，它使室内环境突出了民族文化渊源的形象特征。（如图1-34～图1-38所示）

图1-35　中式风格的药店

图1-36　欧式风格的服装店

图1-37　欧式风格的商场中庭

图1-38　欧式风格的商场内部空间

二、现代主义风格

现代主义风格起源于1919年成立的德国包豪斯学派。包豪斯学院成立时所处的历史背景，强调突破旧传统，创造新建筑，重视功能和空间的组织，注意发挥结构本身的形式美，提倡造型简洁，反对多余装饰，崇尚合理的构成工艺，尊重材料的性能，研究材料自身的质地和色彩的配置效果，发展非传统的以功能布局为依据的不对称构图手法。现代主义风格有着包豪斯建筑的朴

图1-39　现代主义风格的商店

图1-40　现代主义风格的展台

实、无华、简洁、明快的清新风格。（如图1-39～图1-41所示）

图1-41　现代主义风格的服饰店

三、高技派风格

高技派是活跃于20世纪50年代末至70年代的设计流派。它以表现高科技成就与美学精神为依托，主张注重技术，展示现代科技之美，建立与高科技相应的设计美学观。其设计特点是突出当代工业技术成就，在建筑形体和室内环境设计中加以炫耀，崇尚"机械美"，在室内暴露梁架、网架等结构构件以及风管、线缆等各种设备和管道，强调工艺技术与时代感。（如图1-42、图1-43所示）

图1-42　高技派风格的展销空间

图1-43　高技派风格的销售空间

四、自然主义风格

自然主义风格倡导"回归自然"，在美学上推崇自然、结合自然，认为在当今高科技、高节奏的社会生活中，只有回归自然，才能使人们取得生理及心理的平衡。自然主义风格赋予商业空间自然、简朴、高雅的氛围，多采用木料、织物、石材等天然材料，以其自然材料的纹理和清新淡雅的气质而广受欢迎。（如图1-44～图1-46所示）

图 1-44 自然主义风格的屋顶商业空间

图 1-45 自然主义风格的空间

图 1-46 自然主义风格的药店

五、后现代主义风格

"后现代主义"一词最早出现在 1934 年的《西班牙与西班牙语类诗选》一书中,用来描述现代主义内部发生的逆动,特别是一种现代主义纯理性的逆反心理,即为后现代风格。后现代风格强调建筑及室内设计应当具有历史的延续性,但又不拘泥于传统的逻辑思维方式,强调室内的复杂性和矛盾性,反对简单化、模式化,追求人情味,采用非传统的混合、叠加、错位、裂变等手法和象征、隐喻等手段,提倡多元化和多样化,大胆地运用图案和色彩,设计手法具有很大的自由度,室内的家具、陈设往往具有象征意味。(如图 1-47、图 1-48 所示)

图 1-47 后现代主义风格暗黑系店铺

图 1-48 后现代主义风格的店铺

【思考与练习题】

1. 简述商业空间的发展过程。
2. 现代商业空间分为哪几类？各有什么特点？
3. 消费者的商业空间行为包括哪些？
4. 简述商业空间设计风格及特点。
5. 手绘出三种不同风格的购物空间，A3纸张大小。

【商业空间案例】东京涩谷西武百货女装区

设计灵感来源于欧洲城市公园中的铁栅栏、广场和其他绿地空间，打造出一个清新自然的商业销售空间，满足其展示、服务、娱乐和文化的特性，看起来就像一个欧洲的城市公园。

白色的铁艺装饰屏风从天花板悬挂下来，划分了空间，同时也可用来悬挂和展示衣服。这些屏风可以灵活拆卸和搬移，在空间中重新设置安装来改变内部布局，并有内置照明，照亮衣服。灰度不同的"人"字形图案塑料砖铺满整个地面。类似花盆的木质基座，在明亮的顶部展示着各类配饰。购物者可以在户外风格的座椅上休息，如低矮的座位或者公园长椅等，其中有些还用来展示折叠的衣服。更衣室，设置了人造植物，其颜色分别与墙壁颜色相匹配，沿天花板边缘的缝隙攀爬悬下。

图 1-49

图 1-50

图 1-51

图 1-52

图 1-53

图 1-54

图 1-55

第2章 商场室内空间布局设计

　　商业空间是为人们日常购物等商业活动提供的各种场所，它的构成种类繁多。从不同的角度出发，商业空间的分类有所不同，在商业空间特性、经营方式、功能要求、行业配置、规模大小及交通组织上也存在差异性，需要结合自身的商品特征和消费对象的特性，做出独特的设计和布局，从而可以衬托出商场的主体特征，吸引更多的消费者。

　　本章主要讲解商场类型的划分、商品分类布局及人流动线的组织，要求学生了解商场的类型，掌握商场功能空间布局和人流交通的组织，理解不同商业行为所要满足的功能与空间装饰的差别。

第一节　商场的类型

根据商场的销售模式和商品的种类与数量，一般可将商场分为百货商场和专卖商店。

一、百货商场

百货商场根据经营面积和经营规模分为小型百货商店、中型百货商店、大型百货商场和巨型综合性购物中心四种形式。

图 2-1　小型百货商店

图 2-2　中型百货商店销售空间

1. 小型百货商店

小型百货商店是指营业面积在 10m² 左右的微型商店到 1000m² 以下的百货店。经营项目主要以油盐酱醋、针头线脑等日常生活用品为主，经营几百种至数千种商品。商店一般无太多装饰，讲究简洁、整齐，商品排列一目了然，充分利用有限面积设置货柜、安排柜台。装饰重点位于门头招牌处，强调商店的名称与位置。（如图 2-1 所示）

2. 中型百货商店

中型百货商店是在一个建筑物内，实行统一管理，按楼层、区位和专柜销售若干类别商品，并为便利顾客选购提供必要服务的零售商店。营业面积一般在 1000m² ～ 5000m²，经营项目除某些日常生活必需品外，还有服饰、鞋帽、普通家电等商品，经营品种在 1 万种左右。（如图 2-2 所示）

商店讲究自身特色，注重门面设计和整体外观效果。内部空间排列较为紧凑，货柜与柜台造型较为普通，通常由铝合金或不锈钢连接件构成，多以沿墙式或连立柱式排列组合。在面积许可的条件下，可设商品展示台以吸引顾客。各界面装饰选用较为普通的、大众化的材料，顶部通常用轻钢龙骨、矿棉板或石膏板为吊顶，均匀布灯，入口等特殊部位可做特别设计处理。地面装饰材料以地砖为主，如经营面积较大，可在入口处铺设花岗岩拼花地面，提高商店的装饰档次。

3. 大型百货商场

大型百货商场是经营服装、鞋帽、首饰、化妆品、装饰品、家电、家庭用品等品种在 1.5 万种

~4万种的大型零售商店。营业面积在5000m²以上，具有单层或多层销售空间，注重商品展示、品牌销售和服务功能，满足一部分目标顾客追求生活时尚和品位的需求。如中国的银泰商城以高档百货、时尚百货为定位，主要经营服装、鞋帽、箱包、金银首饰、化妆品；法国巴黎春天百货商场以经营女服和化妆品为主。（如图2-3、图2-4所示）

图2-3　银泰商城内部空间

图2-4　巴黎春天百货商场的中庭

商场外观及室内空间装饰注重整体性，强调商场的综合形象。外墙多以简洁明快为主，户外设置大型广告牌，以增强商业氛围，吸引客流。空间内部布局突出，与品牌展示结合，根据经营项目统筹规划出导向明确的经营区域；在与商业空间环境相协调的前提下，柱体、墙面、顶面、地面等处通过灯光、材料、色彩等艺术化处理，形成具有个性的造型与图案；柜台、货柜、陈列架和展示区依据销售形式设计一定的艺术造型，以吸引和刺激顾客消费。

4. 巨型综合性购物中心

巨型综合性购物中心是多业态、多业种复合，体现"一站式消费"的多功能大型商用空间，一般是统一规划的建筑集群，集旅游、购物、休闲、娱乐、餐饮、服务等各种商业功能于一体。如迪拜购物中心，内含有1200家零售店、100多家餐厅、主题公园、儿童娱乐中心、大型电影院、水族馆等；西部埃德蒙顿购物中心（West Edmonton Mall）内有800多家商店、餐饮小吃店、三维游乐园、高尔夫场、水上公园、宠物动物园、射击场、酒店、电影院、广播电台等。（如图2-5、图2-6所示）

图2-5　迪拜购物中心

图2-6　加拿大多伦多伊顿购物中心

巨型综合性购物中心的经营面积多在数万平方米以上，采取统一管理、分散经营的形式，经营项目繁多，注重品牌效应、整体氛围和综合体验的效果，商品具有一定的档次和时尚性。巨型综合性购物中心多以数条步行街或回廊式多层布局为主，装饰档次和用材上比大型百货商场更胜一筹；在界面处理、光环境处理、产品展示、通道引导、商品货柜陈列架设计等关键装饰部位更讲究艺术感和个性化；在小憩区、休闲区、门厅、立体交叉通道及购物空间上注重人文环境设计，体现舒适性和精神享受。

二、专卖商店

专卖商店是指专门销售某一类型商品（如鞋类、电器）或某一品牌商品（如Addidas、Nike）的专营商店。通常专卖商店可分别依据商店的经营规模和经营范围进行分类。

1．依照经营规模及销售模式分类

（1）商场型专卖商店

这类专卖商店的经营规模较大，营业面积通常在数千平方米之上，分单层或多层销售空间进行某一类型商品的销售，如服装商城，苏宁、五星、国美等家电城。店里所售商品齐全，可满足不同消费层次、不同年龄层顾客的需求。装饰设计与一般大型百货商场装饰要求相似，取向高档化、时尚流行化、品牌化，从商场的外部形象到内部空间造型、照明处理、货柜陈列等都突出商品的特点或特性。（如图2-7所示）

图2-7　某电器商城

（2）专业型专卖商店

这类专卖商店经营某一种特定商品，如单卖男装或女装、童装，专业性较强，具有一定的时尚代表性，经营面积小于商场型专卖商店，属于面向大众消费型的商店。装饰设计最为活跃和特色化，属中档装饰层次，装饰重点在于店面，讲究店面独特的造型和招揽功能。店内强调用空间艺术造型及陈列的艺术化处理来弥补用材上的不足。（如图2-8所示）

（3）品牌型专卖商店

这类专卖商店是以专营某一品牌或某一知名

图2-8　某专业型鞋店

公司生产的系列商品为主的商店，采取定价销售和开架面售形式，为顾客提供优质产品和星级服务。它常以连锁店的形式出现，店面通常选址在繁华商业区、商店街或百货店、购物中心内。装饰设计具有小而精的特点,注重突出商品、公司的商标及品牌名称。各连锁店常采用统一的门头造型和色彩设计。店内装饰整洁统一,高雅大方,档级较高,具有潮流感,对商品的陈列、照明、广告宣传等较为讲究,注重商品的个性展示和文化品位。(如图2-9、图2-10所示)

图2-9　某品牌专卖店

图2-10　某品牌箱包专卖店

2. 依照经营范围及项目分类

（1）服饰专卖店

服饰专卖店销售的商品除了服装以外,还包括与其品牌相配套的帽子、鞋子、箱包及相关饰品,如金利来、七匹狼、阿玛施、哥弟等专卖店。服饰专卖店的门头、橱窗和内部空间装饰讲究整体感和个性化,注重商品所针对既定消费人群的年龄、性别等因素进行空间造型,界面图形、色彩等艺术化处理强调时尚性和商品展示效果,突出商品的流行度和品牌的知名度。如果服饰商场面积规模较大,可以品牌为单位,通过合理的通道连接并划分区域,利用陈列造型、灯光局部照明等凸显商品的品质。

（2）食品专卖店

食品专卖店应突出食文化,整体设计简洁流畅,其装饰重点在于门面、店内顶部、柱面和地面。门面造型大方,色彩引人注目且多选用暖色调,使消费者心情愉悦,富有食欲；店内照明方面强调能使顾客看清商品及其色泽。对于品牌的或具有地方特色的食品专营店,为营造独特的食文化氛围,可根据地方文化特色进行装饰设计。如清真类食品店,采用伊斯兰风格,以深蓝色和浅蓝色为主色,选用蔷薇、风信子、郁金香等植物纹样或几何纹样。茶叶店的装饰可采用中国传统风格,以茶文化作为店堂装饰的基本格调。(如图2-11所示)

图2-11　中式风格的茶叶店

（3）日常生活、文化用品专卖店

这类专卖店经营范围相对广泛,包括工艺品店、金饰店、钟表店、书店、文体用品店、洗涤用品店等。装饰风格根据商品特征差异而有所不同,但都重视店面造型和艺术化处理。如金饰店,门面装饰珠光宝气,销售空间讲究灯光与色彩的运用,利用光色渐变、光影对比和材质反衬等突出商店的实力、商品的档次、商品的风格及陈列柜中的商品。陈列柜造型优雅华贵、稳重大方,空间安排亲切自然，给人以华丽而不冷漠的感受。书店则注重货架的空间排列及走道的流畅性，各个界面装饰简单整齐，只在入口处和地面做一些艺术化处理。（如图2-12、图2-13所示）

图2-12　某书店

图2-13　某品牌手表专卖店

图2-14　某电子产品专卖店

（4）电器专卖店

这类专卖店主要销售家电用品及电脑、电信等产品，如电子城、苹果专卖店等。在造型和色彩选用上，以线条粗犷和构图大气为指导思想。品牌型专卖店为体现产品形象和服务风格，装饰空间布局强调文化品位和展示效应，如优雅的陈列造型、柔和的灯光、统一的色彩和舒适的洽谈空间会给人留下难忘的印象。普通家电零售店采用淡雅的色彩，整体空间清新明快，采用白色日光灯管照明，配备小功率的音响，并播放舒缓的背景音乐，只要能给顾客留下清洁、舒适的环境即可。（如图2-14所示）

（5）家饰专卖店

这类专卖店通常有较大的经营面积，经营范围包括家具、家用装饰用品、各种家居装饰用材等。如红星美凯龙、宜家家居等。装饰设计以简单、优雅、美观为主旋律，重点突出商品的质地和取用方便化。如装饰材料专营店可将所售商品作为界面装饰主材，既具有展示效应又起到很好的促销作用。家具专卖店的装饰重点在商店店面及入口空间，营业空间设计趋于明朗、简洁，产品具有丰富、直观的形象，一般在空间排列上以组为单元，连续规则地排列，通道较宽，方便顾客试用，使顾客能够体验到舒适、优雅的氛围。（如图2-15、图2-16所示）

图2-15　宜家家居卖场

图2-16　某家具专卖店

第二节　商场商品类别的划分与布局

大型商场内经营项目繁多，包括化妆品、服装、体育用品、文化用品等。通常将所销售的商品分类、分层、分区集中经营，以合理化的布局、有效的搭配和宽敞的人流通道，提高各种商品售出的可能性。（如图 2-17～图 2-22 所示）

1. 化妆品类

化妆品类包括各类品牌的男用和女用的化妆品、护肤品、香水、洗面奶、手工皂等。此类商品包装精美、摆放整齐、品牌形象好、档次高，充满嗅觉诱惑的香脂味，且光顾的女性顾客较多，多为冲动型消费，通常安排于商场的一层或靠近入口处的位置，以吸引顾客注意力，增加商场的客容量。

2. 食品类

食品类包括烟酒、茶叶、进口食品、散装食品等商品，多设于商场主、次入口处或集中于商场某处超市中销售。

3. 日杂百货类

日杂百货类包括生活百货、铝制品等日杂用品。一般设置于商场一层的一角或地下超市。

4. 女装类

女装类包括各类品牌和各种档次的女式时装、针织服装、内衣等，常为开架形式销售，占商场一层或一层以上。有的商场中的二层空间分别销售不同年龄层次的少女装和淑女装。

5. 男装类

男装类包括各种类型的男式服装。由于男性消费者购物大多带有定向性品牌形象的要求，通常将男装类商品安放在女装销售的楼上或同一楼层的深部，这样既能满足男性消费者的需求，又能为部分女消费者购买男装提供方便。

6. 儿童用品类

儿童用品类包括童装、童鞋、儿童玩具、童车、童床等儿童用商品。规模较大的商场通常预留出一层或半层的营业面积经营此类商品，规模较小的则安置于女装类或文化用品类商品经营层的一角。

7. 鞋帽类

鞋类常设置在一层深部或二层一角，并常与箱包、皮件类商品集中摆放。帽类商品常设于走道一侧沿墙处，不占用较大的经营空间。

8. 文化用品类

文化用品类指文具、体育用品、中西乐器、钟表眼镜、照相器材等的售卖及修理。因客流量相对要小，常设于服装类的楼上或商场的偏僻处。

图 2-17　某商场地下一层平面图

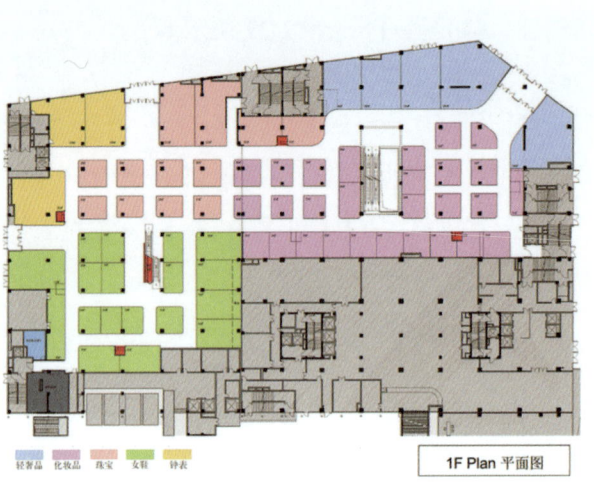

图 2-18　某商场一层平面图

图 2-19　某商场二层平面图

图 2-20　某商场三层平面图

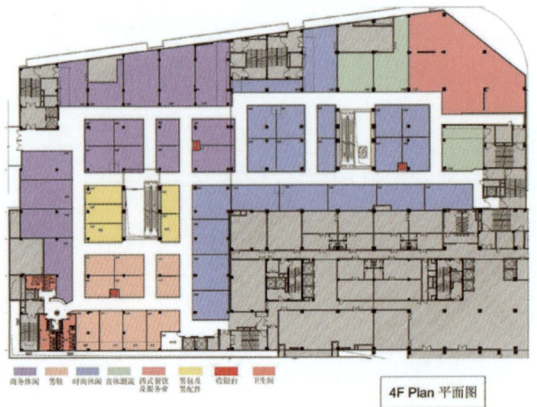

图 2-21　某商场四层平面图

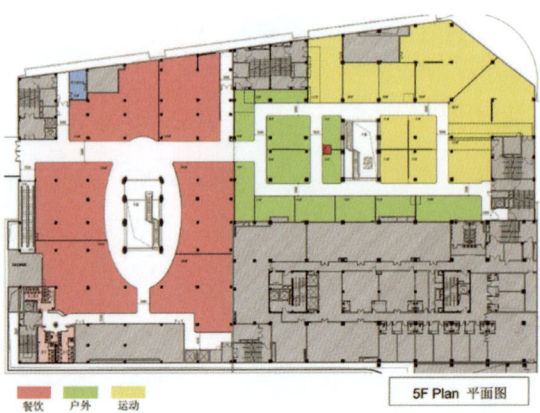

图 2-22　某商场五层平面图

9. 五金家电类

五金家电类指各类家用电器（电视机、洗衣机等大件商品以及电饭煲、吹风机等小家电）、自行车、五金件、某些机械用品等。此类商品常占商场的一层或以上的营业面积，或设置于运输方便的楼层深处。

10. 特殊工艺类

特殊工艺类指首饰、雕刻、漆器、景泰蓝、刺绣等工艺性商品，此类商品的价值较高，具有很好的观赏性，安排这类商品销售空间时须注意安全性和防盗性，还要考虑方便顾客购买。此类商品一般设置在商场的一层深部或上层营业空间的一角。有的商场将金银玉制品设置在化妆品类销售的旁边，以利于提升商场档次和吸引顾客。

11. 家具类

家具档次较高，一般预留顶层作为销售区，具有一定档次的商场才设置此类商品的销售。通常以假想的家庭空间形式成组摆放，让顾客体验家具的自身魅力，使其充满美好家庭的意念，以此营造购物氛围。

第三节　商场人流动线组织

商场人流动线是组织和联系各个销售空间的纽带，使购物空间系统构成一个完整而有序的整体。良好的动线组织可以在错综复杂的商业环境中，为客流提供一条清晰的脉络，可让顾客在商场内停留的时间更久，经过尽可能多的有效区域，并能够降低其购物疲劳度，使其购物的兴致和兴奋感保持在较高水平。

一、商场人流动线的设计原则

1. 规范性原则：出入口的数量、主通道与楼梯及出口位置的直线疏散距离等符合国家颁布的防火疏散安全规范要求。如营业厅每一个防火分区的安全出口数目不应少于 2 个；营业厅内任何一点至最近安全出口直线距离不宜超过 20m；出入门、安全门净宽不小于 1.40m，并不应设门槛；每百人疏散通道宽度按 0.65m～1m 计算。

2. 最长动线原则：优化人流运动，最大限度地让人流经过尽量多的商店门口而又不把距离拉得太长，以达到最佳效果。

3. 易达性原则：使尽可能多的销售单元沿通道布置以获得更多的销售机会，避免产生死角。

4. 均衡性原则：将收银台、卫生间、楼层休息区等部分功能分布在次级通道上，均衡主动线与次级动线的人流量。

5. 中庭运用原则：设置中庭以增加商场空间的通透感，延长视线的深度，最大化地增加顾客视线内的商铺数量，提高顾客的商铺到达率。

6. 可见性原则：动线中规划小中庭的前凸或后凹形式，以提高局部商铺的可见性，提升商业效益。

二、商场人流动线的基本走势

1. 小型商店、专卖商店的人流动线走势

商店空间是带有时间性的四维空间，从顾客进入店铺到顾客离开，每一个区域都应该有不同的作用。因此，合理地安排人流路线是陈列成功的关键之一。一般小型商店和专卖商店的人流动线组织主要是围绕柜台、展架、货架的排放而设置的。（如图2-23所示）

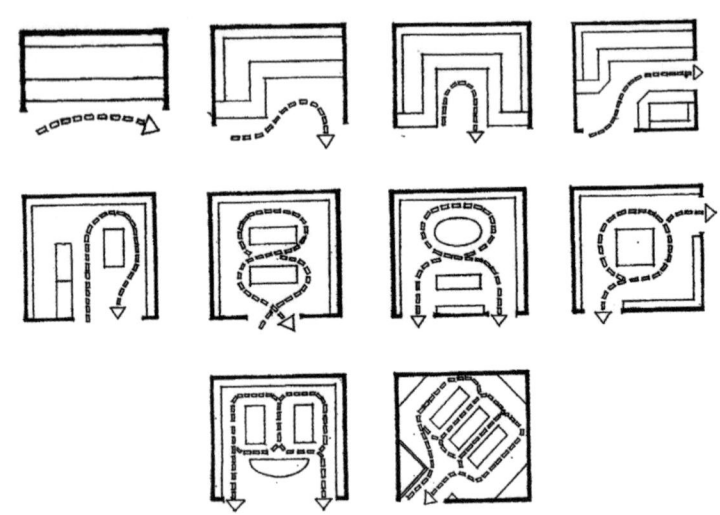

图2-23 小型商店、专卖商店的人流动线走势

2. 大型商场的人流动线走势

商场人流动线由水平人流动线、垂直人流动线和中庭动线组成。

（1）水平人流动线

水平人流动线可归纳为线形、环形、枝形三种类型。

线形动线包含折线形、双线形、弧线形、L形、U形等形式，适用于狭长、规模较小的商业空间，具有布局紧凑、通过效率高、店铺浏览率高、方向性强的优点，但迂回性略差，单方向性造成一定的枯燥感。如北京世贸天阶动线，外街与内街均为线形布局。为了缓解迴游性略差，内街与外街形成联动与回路，部分区域设置中庭、广场等节点，通过直线与弧形的结合增加趣味感。（如图2-24所示）

环形动线包含三角形、矩形、圆环形、复式环形等形式，适用于较大面积的商业空间，环路迴游性好，便于向心性地组织中庭空间，但较大的进深尺寸对防火疏散有较高的要求。如港汇广场局部层采用矩形动线形式，四个节点分别通过主力店、中庭、次主力店集群的方式处理，从而带动整

体矩形人流的通畅，此外在直线部分采用中间挑空的形式，形成局部环回人流动线，具有导向性。（如图 2-25 所示）

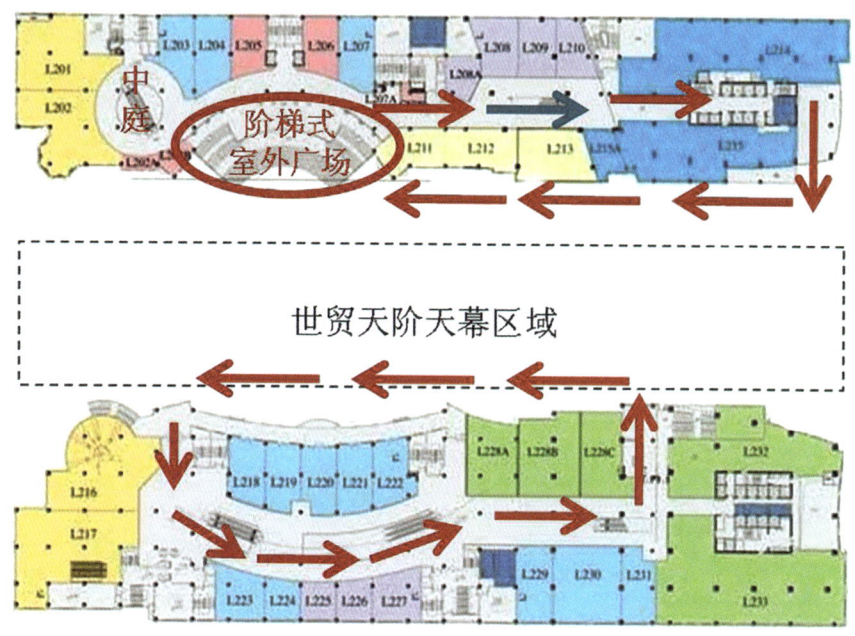

图 2-24 北京世贸天阶的线形动线

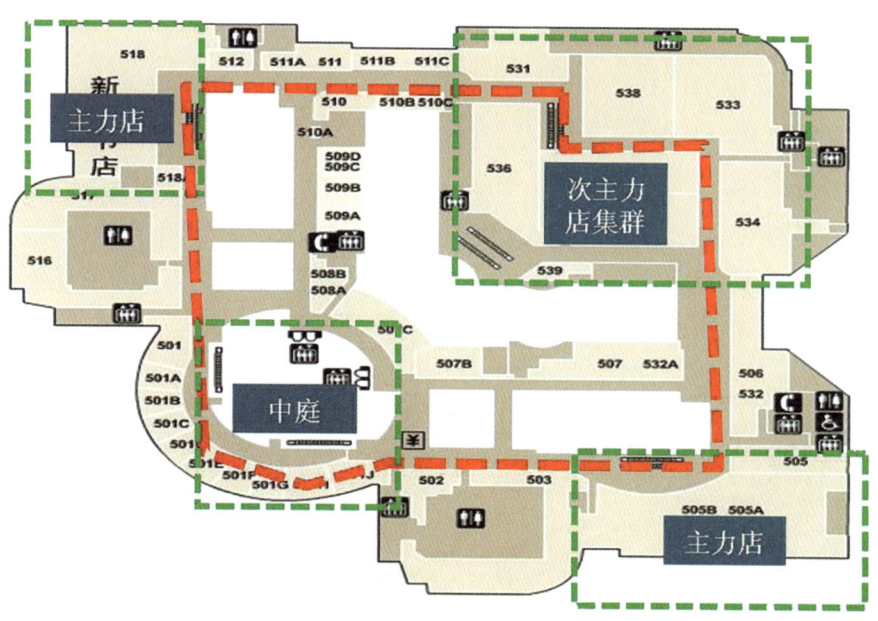

图 2-25 港汇广场的矩形人流动线

枝形动线包含风车形、十字形、Y 形、T 形等形式，该布局的实用性很强，不同长度和形态的"枝"可以灵活地适应商业空间的形态，空间利用率高，迴游性差，如果每条"枝"的长度过大，顾客很容易放弃逛其他部分。由于受空间形态的影响，其空间布置不够灵活，人流动线易形成回头路。如威斯特摩兰购物中心呈十字形动线。四个主力百货店 Sears、The Bon-Ton、Kaufmann's 和 JC Penney 分别占据购物中心的东、南、西、北四端，形成"四足并立"的局面，均衡地吸引顾客在此空间内流动，在步行街交汇处和与主力店接口处均设置放大空间，不仅优化了购物环境，而且使人流动线形成回路，能够较好地引导消费者。（如图 2-26 所示）

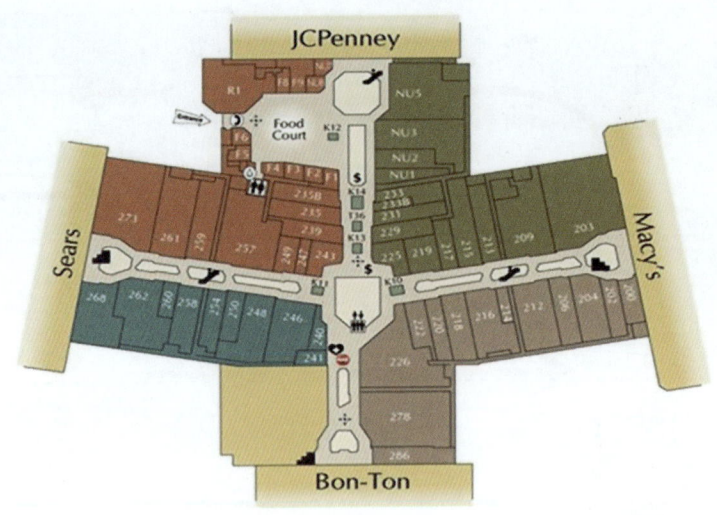

图 2-26　威斯特摩兰购物中心的十字形动线

（2）垂直人流动线

垂直人流动线可归纳为自动扶梯、垂直电梯、自动步道、楼梯四种形式。

自动扶梯：连接不同水平标高的楼层，速度快，占用面积小，购物者上下楼的同时可浏览商场的景观。垂直人流动线也将位于下层的购物者视线引导至较高的楼层，它常与休息空间、展示空间、中庭空间组合设置，为购物空间创造出各种活跃的空间环境。一般自动扶梯提升高度在 10m 以内，倾斜角度为 30°～35°，提升速度为 0.5m/s～0.65m/s，梯级宽度为 600mm～1000mm。（如图 2-27 所示）

垂直电梯：连接楼层及停车场，比自动扶梯快，占用面积少，安装、运转费用比较低，可运载大多数物品。它常与中庭结合形成景观观赏设施和辅助空间，还可以作为运货电梯使用，其一般升降速度为 1.5m/s。（如图 2-28 所示）

图 2-27　商场的自动扶梯　　　　　　　　　　图 2-28　垂直电梯

自动步道：可承载手推车、婴儿车、购物车等，运输率较高，没有台阶，但所占空间较大，需要比自动扶梯更大的空间以能达到合适的坡度。（如图 2-29 所示）

楼梯：通常布置在建筑的角部或靠外墙处。由于自动扶梯和电梯的存在，楼梯的使用率非常低，主要起消防疏散的作用。在满足消防要求的前提下，尽量压缩步行楼梯的面积。有特色的楼梯设计，可以美化和活跃商业空间。（如图 2-30～图 2-32 所示）

图 2-29　商场的自动步道

图 2-30　商场的旋转楼梯

图 2-31　钢琴键盘式楼梯

图 2-32　波浪形楼梯

（3）中庭动线

中庭是水平、垂直人流动线的关键点，是展现购物中心空间、景观设计特色，承载文化、艺术、商业等功能的场所。中庭可以提升商场档次，创造舒适的购物环境，缩短购物中心的空间距离，提升商铺价值，刺激冲动性购物。（如图 2-33 所示）

中庭空间多位于各个道路形成的动线交汇点，是垂直交通组织的关键点和集散地，也是步行空间的序列高潮，这里人流集中、流量大，最有可能鼓励人流上行。富有趣味的垂直交通工具，如玻璃观景电梯等，能在中庭空间创造活力和动感，常会激发购物者登高的欲望。因此，中庭设计和中庭垂直交通能否促使人流向上运动，是上层商铺能否成功经营的关键。在此应利用照明及装修等塑造空间张力，使其成为购物中心的焦点。

图 2-33　某商场中庭空间

按照位置不同，有中庭、边庭和门庭三种形式。中庭位于建筑中心部位，购物空间向两侧及周边延伸，具备向心性。当中庭被置于建筑一侧时被称为"边庭"，建筑内外产生一种连续性，使建筑立面成为纵深变化、层次丰富的复合空间。门庭与主入口结合，衔接内外部动线，成为由城市空间进入建筑空间的过渡和中介，使人在接近和步入建筑时获得愉悦的感受。（如图2-34～图2-36所示）

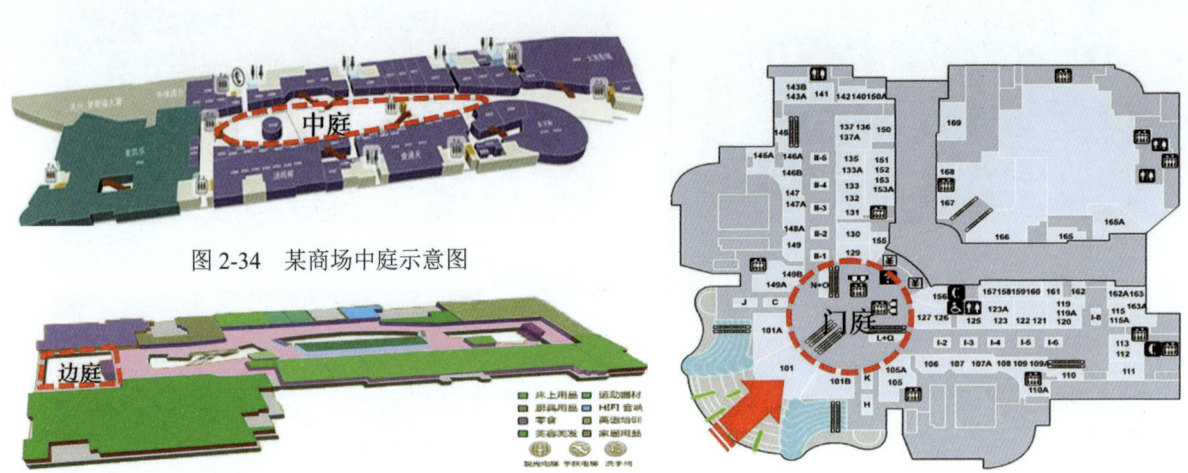

图2-34　某商场中庭示意图

图2-35　某商场边庭示意图

图2-36　某商场门庭示意图

中庭水平人流动线按形状可分为导向形、聚心形和不规则形。导向形中庭引导人流作线状连续的运动，趋向一个目标或一个焦点，给人以深邃的纵深感，具有很强的引导性。聚心形中庭使人流运动集聚趋向于中心，形成一种凝聚力，具有稳定性，构成一种特殊的秩序感。不规则形的中庭空间有曲面的丰富变化和几何体的穿插，空间大小收放自如，且丰富多变。（如图2-37～图2-39所示）

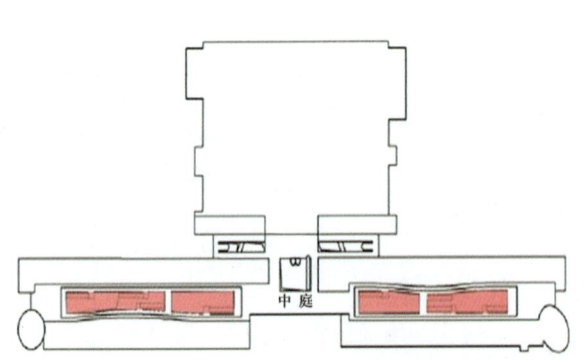

图2-37　导向形中庭示意图

图2-38　聚心形中庭示意图

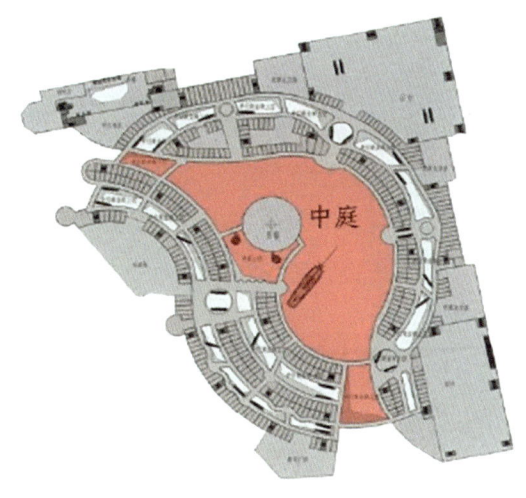

图 2-39　不规则形中庭示意图

3. 商场通道

商场人流动线是通过遍布商场的通道构成的，它将商场的出入口与商场内各销售点用不同的通道形式连成一个整体，从而使顾客完成一系列的活动。优秀的通道动线设计，能够引导顾客按照设计自然走向商场的每一个角落，接触到卖场的所有商品，有效利用商场的空间。

商场通道一般分为主通道和附属通道。主通道是贯穿整个商场、连接出入口的主动线。附属通道由主通道分出，使顾客更容易到达不同的品牌及品类的售点。根据商场面积的不同，主通道和附属通道的宽度设置也有所差异，见表 2-1。

表 2-1　商场通道种类及一般尺度

单层商场面积 (m²)	主通道宽度 (mm)	附属通道宽度 (mm)
300	1800	1300
1000	2100	1400
1500	2700	1500
2000	3000	1600
6000	4000	3000

三、商场购物空间组织

一般，顾客习惯于沿着较宽的通道以直线顺流的方式对商品进行浏览，视觉也较容易落在有较高阻碍性的物体上，这是由顾客不自觉的行为习惯造成的。因此商业空间的组织是以顾客购买的行为规律和程序为基础而展开的，即"吸引→进店→浏览→购物（或休闲、餐饮）→浏览→出店"。

（一）商场购物空间布置原则

1. 根据商品性质和销售形式将相互间不影响的或类别相近的商品组成区域性销售，方便顾客分片、分区、分层选购，增强商场布局的条理性和归纳性。如化妆品类与金饰类相邻布置，儿童用品类与床上用品类设置在一起等。

2. 考虑环境对商品特性及商品间的互相影响。如家电、服装等不宜设于地下层；食品类商品不应与有毒性的化学类商品混放销售，并避免放置于阳光直射的区域。

3. 考虑商品的可视性与挑选的强弱对客流量与销售量的影响。通常客流量与销售量较大的商品设于低层，反之则设置于较高层。如将可视性佳、挑选性弱的商品（如化妆品、金银首饰）安置于入口附近，使入口处不会因拥堵通道而影响商场的客流量；把挑选性强（如服装、鞋类）的商品布置于楼上，顾客可以慢慢挑选。

4. 充分利用商品展示、陈列、图像广告来增添购物空间的商业气氛，并将其设置在主入口、交通会合处、主次通道两侧、柜台与货架间的立柱以及立柱附近等处。

5. 考虑商场的贮藏空间及更衣间、试鞋处、卫生间、收银台等仓储、服务性空间的设置。如更衣间、试鞋处不宜安排过远，常与具体购物区相伴。收银台通常放置于相近的几组购物区的中心。卫生间设置隐而不避，男、女厕所应设前室，内设污水池和洗脸盆。面积在 2001m² ～ 4000m² 的卫生间，男女大便位比例按照 1：4 配置；面积在 1000m² ～ 2000m² 的，男女大便位比例按照 1：2 配置；超过 4000m² 以上的，可按照商场面积成比例增加。

6. 购物空间内应考虑无障碍设计。如在购物空间的出入口采用自动门、推拉门、折叠门或平开门，出入口应留不小于 1.5m×1.5m 的轮椅回旋面积。商场走廊设置无障碍扶手，并具有坚固性，承受 100kg 的重量；材料选用木材；在必要的地方嵌入盲文信息；购物空间的地面应平整；入口和卫生间内外高差不应超过 20mm，如能用坡道代替，尽量使用坡道。

（二）商场购物空间的分隔方式

不同程度地分隔空间可以营造不同的空间视觉效果、空间性格和环境气氛。商场购物空间通过顶棚的吊顶，地面拼花图案，货架、陈列橱柜、展台的摆放，绿化，照明等不同方式进行分隔与划分。

1. 绝对分隔。利用到顶的轻质隔墙、货架、玻璃等限定度高的界面分隔空间。这种分隔方式有明确的界限，隔音良好，私密性好，有较强的抗干扰力，常用于大型商场中的专卖商店及室内购物街两侧的小型购物空间，还用于更衣间或贮藏空间。（如图 2-40 所示）

图 2-40　店与店之间用实体墙绝对分隔

2. 局部分隔。通过不到顶的隔断，货柜、片断的墙面等不完整的界面分隔空间，使购物空间隔而不断，有明显的连续感，常用于大型商场各销售空间的划分，使开敞的空间形成多个以品牌或某一类商品为销售单元的区域。（如图2-41、图2-42所示）

图2-41　H形铝格栅　　　　　　　　　　　　图2-42　开口设计

3. 象征性分隔。利用低矮的隔断、货架、柜台、家具、照明、色彩、材质、高差、绿化、水体等手法来分隔购物空间，其空间限定度很低，空间界面模糊，流通性强，通过联想产生边界效应，具有象征意味，是商业空间最常见的分隔方式。（如图2-43～图2-45所示）

图2-43　利用照明光线划分空间

图2-44　利用造型划分空间　　　　图2-45　利用图案和色彩划分空间

【思考与练习题】

1. 简述专卖商店的分类及其特点。
2. 简述商场人流动线组织的设计原则。
3. 大型商场水平人流动线组织有哪些类型？
4. 根据现有某城市商场进行市场分析，分析其市场目标定位和购物空间设计的优缺点，撰写1000字左右的调查报告。

【商业空间案例】上海环贸 iapm 商场

上海环贸 iapm 商场位于浦西淮海中路陕西南路商业区，占地面积 12 万平方米，主打"高端潮流＋夜行消费"的新购物理念。与一般的商场不同，商场营业时间为上午 10 点至晚上 11 点，餐饮等业态则延长至次日零点甚至凌晨 1 点左右，突破了一般商场 10 点关门的惯例，开创了沪上行业先河，弥补了"夜间消费"空白。（如图 2-46～图 2-62 所示）

图 2-46　商场外观

图 2-47　玻璃幕墙

图 2-48　中庭设计

图 2-49　商场外围沿街景观

商场整体风格现代时尚，引进了丰富的国际级零售、餐饮及休闲娱乐品牌，配合艺术表演及推广活动，打造成时尚、潮流购物的新地标。商场平面布局主动线为"一"字线，在主动线上中间为大中庭，两侧连接小中庭，三个中庭连接成为组织流线。商场立面采用玻璃幕墙设计，引入大量天然光，外围沿街景观和丰富的硬体块造型穿插，并结合玻璃立面的跌水景观。在商场 5 层及 6 层，打造了一个动感主题区域，运用波浪形天花的动感设计，配上错落有致的闪烁萤火灯饰，整体环境现代、时尚。点状灯光结合条形灯带、不锈钢金属分隔条，局部点缀彩色墙，整体风格变幻、绚丽。自动扶梯流线清晰，每组均为上下设置，多部跨层扶梯可令消费者快速到达所需楼层。卫生间设计人性化，各类人群，如男女、小孩、残疾人、母婴，分类明确。商场设有两层停车场，提供近800个停车位，极大满足了顾客的需要。

图 2-50　中庭　　　　　　　　　图 2-51　顶棚　　　　　　　　　图 2-52　灯饰

图 2-53　造型设计　　　　　　　　　　　图 2-54　陈设

图 2-55　休息区　　　　　　　　　　　图 2-56　扶梯

图 2-59　大堂

图 2-60　洽谈室

图 2-57　扶梯

图 2-61　更衣室

图 2-62　卫生间

图 2-58　通道

第 3 章　商场柜架组合与造型设计

在商业空间中，几乎所有的商品都是通过不同的展柜、展架、展台展现在消费者面前的。柜架设计应注重实用性、灵活性、美观性、安全性和经济性，充分且合理地利用特有空间，展示商品，吸引消费者的眼球，提高商品的销售率。它不仅关系到整个商业空间设计的成本，而且关系到商场投入运营后的效益。

本章主要讲解商场商品的销售形式、柜架的组织形式、柜架造型设计和尺寸，要求学生了解商场柜架的组合形式和造型尺度，掌握不同商品的柜架设计的形式和基本尺寸，理解陈列商品的规格与人体尺度、视觉行为特点之间的关系。

第一节　商场柜架的组合形式

商业空间里的柜台、货架、展示台及一切商品陈列、陈设用品的布置、组合的形式通常是由商店销售商品的特点和经营方式所确定的。

一、商品的销售形式

商品的销售形式主要有开架和闭架两种。

开架——不需要营业员服务，顾客可以随意挑选货柜或展台上的商品。商品与顾客的近距离直接接触，通常会有利于销售，适宜于销售挑选性强、除视觉审视外对商品质地有手感要求的商品，如服装、鞋帽等。（如图3-1、图3-2所示）

图3-1　鞋类开架销售　　　　　　　　　　图3-2　服饰开架销售

闭架——适宜销售高档贵重商品或不宜由顾客直接选取的商品，如珠宝、特殊药品、手表、手机等。（如图3-3、图3-4所示）

图3-3　珠宝饰品闭架销售　　　　　　　　图3-4　贵重手表闭架销售

综合式——开架与闭架销售形式的结合，其目的是利于管理、方便顾客。如某品牌的箱包开架摆放，而将一些配饰，如钱包、卡包等用玻璃柜展放，一方面便于销售，另一方面体现价值及陈列

效果。（如图 3-5 所示）

二、柜架的组织形式

商品柜架在商业空间中的具体位置和组织形式，要综合考虑商店的经营特色、商品的挑选性和视觉效果、商品的体积与重量以及季节性等多种因素。

1. 沿墙式

图 3-5　某箱包店，开架与闭架结合设置

商品柜台、货架沿墙面走势排列，形成连续状的直线形或曲线形，此方式售货柜架较长，适用于传统的柜台式和目前较流行的开架式销售。沿墙式一般采取贴墙布置和离墙布置，离墙布置可以利用空隙设置散包商品，一般小型商店直接利用这种形式布局；较大的商场有天井式分层营业时，可利用共享式人流线将柜台和货架沿墙组合排列，形成区域明确的连续状空间组织形式。（如图 3-6、图 3-7 所示）

图 3-6　柜架沿墙式布置（1）　　　　图 3-7　柜架沿墙式布置（2）

2. 岛式

商品柜台、货架按一定的图形规整地排列于商业空间内，组成岛式柜架，可布置成正方形、长方形、圆形、三角形等。柜台周边长，陈列商品多，缩短了服务员的服务流线，购物区域分布明确，通道方便流畅，便于顾客选购，视觉效果好，并可利用岛式柜组中的柱距或货柜背与背之间的空隙设置仓储和试衣等空间。岛式陈列的商品多为钟表、眼镜、化妆品、玩具等。（如图 3-8、图 3-9 所示）

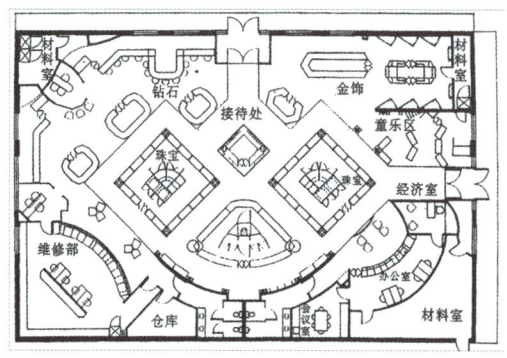

图 3-8　某商业空间岛式布局平面示意图　　　　图 3-9　菱形岛式布局

3. 斜角式

柜台、货架及设备与营业厅柱网成斜角布置，多采用45°。此方式能使室内视距拉长，造成更为深远的视觉效果，但空间容量相对变得较小，异形空间较多，在组织此类空间时要注意柜架规格尺度尽可能减小，以减少空间的浪费，便于通行。（如图3-10所示）

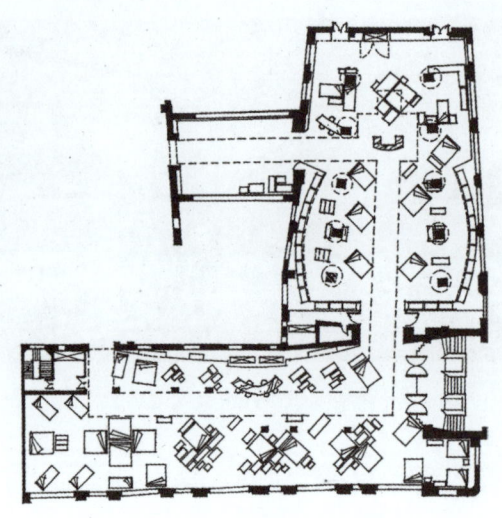

图3-10 某床上用品店平面布置图

4. 放射式

货柜及通道围绕中心区域的展示台或柜组向外扩展或放射式排列，形成具有中心感的空间组织形式。此组织形式具有很强的视觉吸引力，空间层次丰富，节奏感强，一般为特色陈列展示，适用于服装等时尚性或观赏性强的商品销售。（如图3-11、图3-12所示）

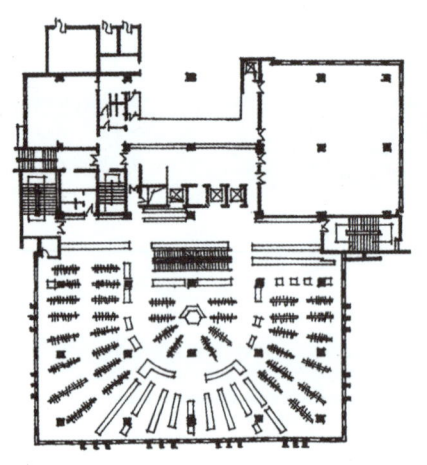

图3-11 某商业空间平面布置图

图3-12 某理发店放射式布局

5. 规整式

柜台、货架按横平竖直的平行或垂直方式成组排列，形成规整的空间格局，且购物通道的方向感和次序感较强，具有良好的视觉通透性，但过于规整的布局使空间显得平淡，缺少节奏变化，适用于中型或大型商场、超市及大众型服装销售空间，可利用较为引人注目的商品展示、空间顶部的层次变化或地面的拼花造型来弥补这一缺陷。（如图3-13所示）

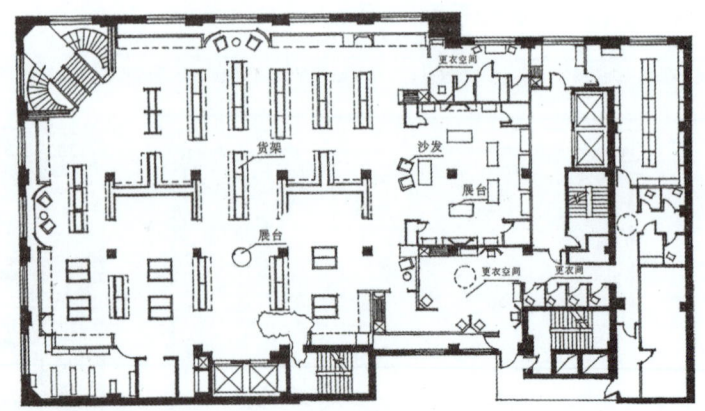

图3-13 纽约某商店平面布置图

6. 自由式

自由式是将柜台、货架等设备按照空间走势及人流动线灵活布置，使购物空间内气氛活跃、轻松，形成丰富而有序的购物体验与人流体系，是目前高层次购物空间常见的空间组织形式。（如图3-14所示）

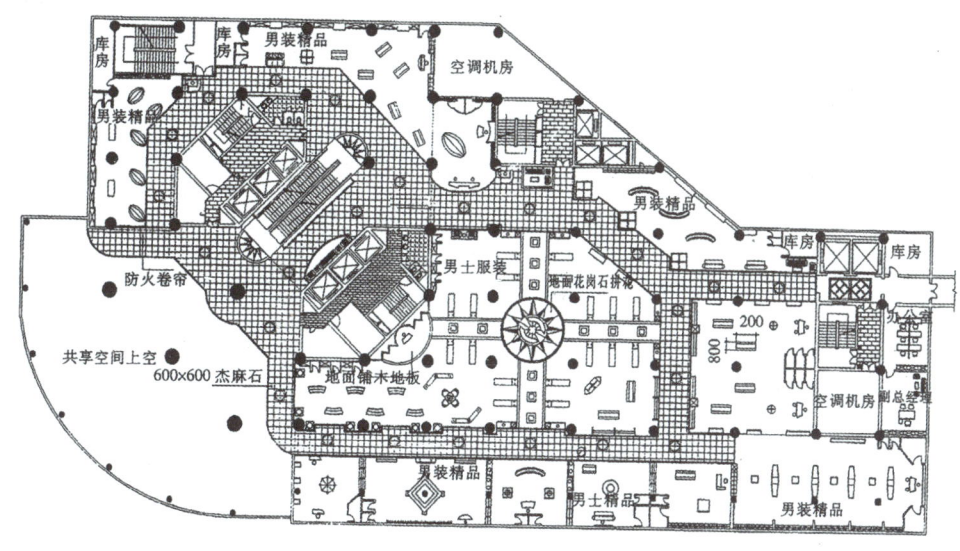

图3-14　某商场销售层平面布置图

第二节　商场柜架的造型与尺寸

商场营业空间里的售货设施有柜台、货架、展台等。陈列设备的基本尺寸必须与陈列的商品的规格、人体的基本尺度以及人们的视觉与行为特点相适应。

一、展示柜

传统的柜台是用来保护和展示商品，为销售人员提供包装、剪切的工作台。柜台的宽度和长度是根据所销售的商品的大小来确定的，一般柜台的高度为900mm～1000mm，宽度为500mm～600mm，长度为1500mm～2000mm。柜台上部采用透明玻璃，下部为木质货柜，方便商品的储藏。有些商品如珠宝首饰、手表等，为增强陈列效果，还在柜台的内侧安装射灯，突出商品的设计花色、材质等。（如图3-15～图3-19所示）

现今展示柜的材质多用铝合金或不锈钢型材。垂直与水平构件上有槽沟，可插玻璃。如果展示柜放置在营业厅的中央，则四周都可以装玻璃，成为多面展示柜；

图3-15　饰品展示柜

图3-16　黑白搭配的内衣展示柜

高展柜的顶部可装置照明设施，低展柜可在底部安装照明设施。展示柜的高度一般以人的立位基准点计算，售货柜的高度以人站立时手臂弯曲至柜台面的最佳高度为准，一般在850mm～910mm。

图 3-17　组合展柜　　　　　　　图 3-18　旋转展柜　　　　　　　图 3-19　简约实木展柜

除了标准装配的展示柜外，可根据不同商品的陈列和展示的需要定制展示柜和设置特殊的功能，如展示珍贵物品的展柜带有防盗、报警设施；有些还带有恒温、恒湿装置；有些为减少照明对商品的影响，设置感应式的照明开关，只有当参观者走近，才会开启照明灯。

二、展示架

展示架的陈列范围一般处在人平视时的正常视线范围内，要方便商品的存取，如服装等可挑选商品的展示架，其最高层展示商品应处于顾客举手可及的范围内，最高不超过2100mm，进深为400mm～500mm。同时还要考虑展示架在商场中的位置以及给商场空间所带来的影响。如沿墙布置的展示架，其高度可适当增加；放置在中部的展示架应适当降低高度，以保证营业空间内人们的视觉连续性。

展示架可分为固定式展示架和活动式展示架。固定式展示架是直接做于墙面或不可移动的壁面上的货架，与墙体形成完整的统一体，其造型的表面形式不受拼接、搬运等因素的制约。活动式展示架是可移动的。展示架用材一般多为金属管、金属板、工程塑料、木质材料、玻璃、石材等。（如图 3-20～图 3-24 所示）

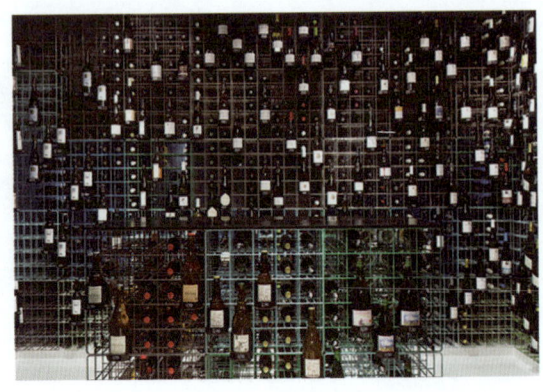 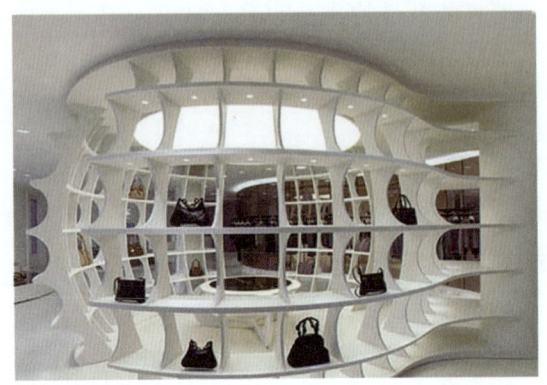

图 3-20　钢网酒架　　　　　　　　　　　　图 3-21　鱼眼镜头式展架

图 3-22 金属展示架　　　　图 3-23 相框式展架

图 3-24 墙面与展示架的完美结合

展示架的宽度可根据存放商品的种类确定，表 3-1 为常用展示柜架的尺寸规格。

表 3-1 常用展示柜、展示架的基本尺寸规格（单位：mm）

	项　目	高　度	深　度	长　度
展示柜	一般百货	800～1000	600	2000
	摄影器材	800～900	700	1500
	珠宝首饰	800	550	1500
高展示架	一般百货	2000～2500	600	2000
	小型电器	2100	600	1500
	鞋　类	2100	500	1500
	化妆品	1800	300	2000
低展示架	棉　布	1100～1400	400	1200

三、展示台

展示台是承托商品实物、模型、沙盘和其他装饰物的用具。

一般较大的商品应用较低的展台，小型、精致的商品应用较高的展台。大型展台，可由拆装式的组合展架构成，也可用标准化制作的小展台组合而成，如正方体（平面尺寸有600mm×600mm、800mm×800mm、1000mm×1000mm、1200mm×1200mm），或按一定模数变化的尺度构成的长方体、圆柱体等形体。

大型的实物商品展台，有时甚至还需要设有供模特活动展示的空间，追求一种动态的表现。如旋转展示台，常用在汽车类的大型商品的销售空间中，它可以使汽车变得生动，观众可以在一个固定的位置，从不同的角度观看展品，多方位地品评商品。（如图3-25～图3-33所示）

图3-25 随意拼装效果的展台

图3-26 几何形态的展台

图3-27 气球组合成的展台

图3-28 化妆品店原生态展台

图3-29 旅行箱组成的展台

图3-30 棒棒糖造型的展台

图3-31 药丸造型的展台

图 3-32　阶梯状看台式中心展台　　　　　图 3-33　汽车旋转展台

【思考与练习题】

1. 柜架的组织形式及特点是什么？
2. 以某商场化妆品柜台为题，设计出 3 种不同空间组合方式，A4 纸张大小。
3. 为某商场儿童专卖店设计展柜、展台，要求造型新颖，方案 3～5 个，A4 纸张大小。

【商业空间案例】 Harvey Nichols 女鞋商店

Harvey Nichols 女鞋商店由 Four By Two 事务所设计，该店的最大特色在于对线型的应用，墙面采用直线白色底作为背景，店中的陈列台以及座椅设计均采用圆形堆叠而成。灯饰选用巨大多边形的设计，看上去可以与流线型有所区别。包柱采用全镜面设计，不仅美观，还可以应用于试穿体验。全店的主色调为金色与白色，在装饰上有助于突出品牌店面的形象，此外白色的衬托有助于鞋品的展示。（如图 3-34～图 3-39 所示）

图 3-34　流线型设计　　　　　　　　　　图 3-35　座椅

图 3-36　灯饰

图 3-37　陈列台

图 3-38　整体效果

图 3-39　图形堆叠

第4章 商场休闲及观赏空间设计

商业空间已经成为现代城市人们精神交流、观赏与休息的重要场所，也是展现现代城市风貌和形象的重要因素。商业空间中休闲空间适度，绿化植物密集，水体精心组合，光影富于变化，艺术气息浓厚，通过优美的环境让消费者最大限度地感受到舒适和舒心，从而激发其购物、浏览的兴奋点。

本章主要讲解商场休闲空间设计和观赏空间设计，要求学生了解休闲及观赏空间作为附属性空间的重要性，重点掌握休闲空间中小憩区、小饮区、童乐区和观赏空间中水、绿化、光、景、艺术品的布置形式和特点，理解城市人文风貌、地方特色在休闲及观赏空间设计中的融入。

第一节　休闲空间设计

所谓休闲空间，是休闲、娱乐的生活空间，是现代商场必备的附属性空间之一，它的设置打破了以往商场以卖家为主导的经营体系，体现了现代商场以消费者为中心的经营观念，为人们的生活需求和文化精神生活的追求提供了保障。商业休闲空间比其他休闲方式更为方便、有效，即触即到，足不出城就可以满足人们自主、随意、放松、释放、感受新潮的目的和需求。

根据服务功能和内容，可将商场休闲区归纳为小憩区、小饮区和童乐区三种类型。

一、小憩区

小憩区作为商场整体设计中的一个重要环节，它通常以座椅的组合放置，形成具有一定空间区域感的休闲领域，常设置在中庭空间、通道两侧以及购物区域。个性化的小憩区既能衬托商场的氛围，又让顾客放松心情，对于拉近商家与客户之间的距离、体现企业真诚的态度、实现信息的良好传递起着重要的作用。

1. 小憩区布置形式

（1）中庭式。利用中庭空间的位置居中、空间开阔而明亮、视野通透及具有装饰性的特点，设置休息座椅，使小憩区自然地成为商场的中心地带。由于中庭空间的限度，小憩区与购物空间不露痕迹地划分开，形成相互流通的空间格局。其装饰充分利用中庭的建筑空间，凸显人造景观的自然美。（如图 4-1、图 4-2 所示）

图 4-1　中庭式小憩区（1）　　　　图 4-2　中庭式小憩区（2）

（2）沿道式。沿不移动的隔断、墙体和扶栏等，在靠近商场的主、次通道（自动扶梯、电梯等）附近设置相应数量的休息座椅，通过座椅的连续排列形成有一定规模的小憩区。小憩区本身并无多

少装饰语言，主要是依托所在位置的整体化设计，通过座椅的造型以及排列方式体现空间的形式美。（如图4-3、图4-4所示）

图4-3　沿道式小憩区（1）　　　　　　　图4-4　沿道式小憩区（2）

图4-5　销售区内的座椅（1）

（3）参与式。在某些购物场所将小憩区与具体的销售空间相互结合进行整体设计，使购物空间内的休息空间既可以用于销售服务，又可以用于顾客小憩，具有双重的使用功能。这种方式常用于需要坐下来试用或慢慢挑选的商品购物区，如鞋类购物区、金银首饰购物区等。（如图4-5～图4-7所示）

图4-6　销售区内的座椅（2）　　　　　　图4-7　购物空间内的休息区

（4）散点式。利用购物空间中的走廊空隙以及立柱间的空间等处，看似随意地放置休息座椅，形成一个个小区域的休息空间。其装饰特点主要体现在座椅的造型上。（如图4-8～图4-10所示）

图4-8　散点式小憩区

图4-9　座椅　　　　　　　　　　图4-10　具有艺术气息的休息设施

2. 小憩区布置要求

（1）小憩区的装饰及布局应与整体空间相互协调，体现出休闲空间特有的自然、舒适、平和、亲切、愉快的环境氛围。

（2）小憩区的数量、空间面积及位置要根据商场营业面积的大小和人流量多少而定。在小憩区人流量最大时，不应影响正常的通道运行和购物活动。

（3）小憩区与销售空间力求体现"似隔非隔，相互交融，尺度近人，形式灵巧"的原则。

（4）小憩区到达最远服务辖区的直线路线不宜太长。因建筑因素而造成路线过长时，应考虑设置两个以上的小憩区。

二、小饮区

小饮区是商场为满足顾客在逛商场时对饮食方面的需求特设的饮食休闲空间，承载顾客休息、体验的功能，是一个增强品牌信息的重要空间。常设置于商场与外景或景观有联系的空间一角，也可直接设置于食品销售部附近。

1. 小饮区的形式

（1）景观式小饮区。多设于景致优美的共享空间、与外界通透的幕墙旁以及人工景观处。桌椅常以散座形式、花状规则排列，并利用自然景观和人工景观的迷人景致，使小饮区处在一片融洽的氛围中。（如图4-11、图4-12所示）

图4-11 景观式小饮区

图4-12 景、店合一

（2）附属式小饮区。常设在食品类销售区、店中店和儿童乐园附近，桌椅排列以连厢座、散座、吧台式条状高桌高椅为主，并利用一定的分隔手段形成独立的小饮空间，其区域装饰及布局形式与整体装饰风格相互协调。（如图4-13、图4-14所示）

图4-13 附属式小饮区

图4-14 附属式小饮空间

（3）快餐式小饮区。常设在商场营业空间的顶层或地下层，桌椅以条形排列为主，造型简洁，通道方便流畅，并适当配置一些景观绿化。（如图 4-15、图 4-16 所示）

图 4-15　商场顶层的食品销售区

图 4-16　商场地下层的食品销售区

2. 小饮区布置要求

（1）小饮区面积的大小和数量的多少须根据商场内客流量和营业时间来确定，其装饰与布局应体现出一定的休闲氛围及自身的文化品位。

（2）小饮区的位置应不影响正常的购物出入，与购物空间要相对隔离，如小饮区食品操作需油炸、煎、炒时则要与购物空间绝对分离。

（3）小饮区应尽量选择相对安静的空间，以保持顾客轻松、休闲、愉快的心情。

（4）小饮区内通道布置应符合公共场所防火疏散的要求，并设立两个以上出入口。

三、童乐区

童乐区是商场专为小顾客准备的游戏场所，其规模大小取决于销售区的面积。童乐区常设在儿童用品销售区旁，运用积木式、城堡式主题造型造景，以具有趣味性、生动活泼的游乐形式吸引儿童的注意力，以达到招揽儿童及家长光顾儿童用品销售区域的目的。（如图 4-17、图 4-18 所示）

图 4-17　童乐区

图 4-18　销售区附近的儿童游乐区

第二节 观赏空间的设计

观赏空间是现代商场内另一个体现精神功能的空间。它通过精神因素，利用水景、光的组合、绿色植物以及各种艺术景观，直接将某种文化内涵、民俗民风、审美观和思想等通过视觉感染观赏者，是一种纯粹的精神性装饰空间。

一、水的观赏

水景观是景观构成要素中最富有变化、最有生气的因素，起到柔化空间、美化环境、调节小气候的作用。室内水景从视觉感受方面可分为静水和流水两种形式。

1. 静水给人以平和宁静之感。它通过平静水面反映周围的景物，有增加空间层次、吸收噪音、塑造意境空间的作用。在设计静态水景时，一般采用普通的浅水池，水池的造型以平面变化为主，通常有几何形和自由式两种造型。通过水中的动植物以及池中的雕塑、喷泉等组成一幅天地悠然的画卷。

2. 流水能够创造生动活泼的空间，使人获得丰富的感官体验。循环流动的室内水渠、蜿蜒的小溪、形态多变的喷泉和喷射垂落的瀑布等，则有强烈的环境氛围创造力，能增加室内空间的动态感。

室内水景设计主要是通过水池、喷泉、人造瀑布等方式及其相互间的组合搭配完成的。根据购物环境的需要，水体的大小、形态、位置等可灵活布置，还可以结合绿化、雕塑、小品、茶座等共同活跃商业空间环境，常设于外部广场、入口、中庭、小饮空间等处。（如图4-19、图4-20所示）

图4-19 中庭处水景

图4-20 贯穿广场的水流

二、绿色植物的观赏

绿化植物景观的引入是营造体验性购物空间环境的重要因素，精心设计的绿化景观不仅起到划分空间、打造宜人尺度、调节微气候、净化空气的作用，而且能够使消费者在购物的同时感受到大自然的亲切，营造轻松愉悦的购物心情。一般在开阔的大空间中多以乔木、灌木类植物作为装饰物，而在小空间内常用花、草等观赏性较强的植物装饰空间。商场的绿色植物观赏多集中于中庭空间和一般的小饮空间内，根据具体的需要也可设置于部分购物空间。

绿色植物的组织形式可归纳为仿自然式、隔断式、悬挂式、盆景式四种类型。

1. 仿自然式。这是一种较为大型的绿色观赏区，通过对室内空间组织，种植尽可能保持自然风貌及形态的植物，使人有外景内藏的感受，增加空间的开阔感。（如图4-21所示）

2. 隔断式。利用绿色植物作为划分空间的手段，使空间保持相互间的流通感和完整感，并使人置于绿色植物的环抱中。（如图4-22所示）

图4-21　商业空间中的灌木和棕榈树打造城市绿洲

图4-22　隔断式绿植

3. 悬挂式。将绿色植物悬吊于空中或高处壁面，让植物自然垂落，形成特有的姿态，以此来装饰美化空间，调整人的视觉，形成观赏景观。（如图4-23、图4-24所示）

4. 盆景式。将植物栽入盆中，根据不同的情况及环境，灵活地进行绿色景观的组织。如在商场交通和过渡空间包括过道、楼梯等，可以摆放盆栽植物引导人流，形成线形的绿色通道。（如图4-25、图4-26所示）

图4-23　悬挂式绿植（1）

图4-24　悬挂式绿植（2）

图4-25　盆栽植物组合

图4-26　入口处绿植景观

三、光与景的观赏

商场空间光的观赏是通过自然光、人工光或两者的有机结合，利用光影变化、光色对比、光的强弱渐变，及与其他装饰载体共同组成光彩四射的景观观赏效果。通常光的观赏空间设置在中庭空间、电梯空间、门厅空间和休闲空间，渲染商业空间氛围，具有极强的感染力和视觉吸引力。（如图4-27、图4-28所示）

商场外立面通过幕墙和玻璃窗满足自然采光需要的同时，采用中国古代园林艺术中的"借景"手法，使商场内部的人透过限定的窗，可以欣赏到室外的城市风光及广场景致；或在商场内部空间通过人工造景，营造自然、舒适的空间环境，以调整他们的购物情绪。商场内景的观赏空间通常分布于商场的休闲空间、中庭、门厅、楼梯间或电梯等处。（如图4-29、图4-30所示）

图4-27 中庭处光的雕塑景观

图4-28 光的观赏空间

图4-29 空间内部光影欣赏

图4-30 光影变化

四、艺术品的观赏

艺术品作为商场室内装饰的组成部分，常以雕塑、织物、壁画、绘画作品等形式设置于商场的共享空间、门厅、休闲空间以及某些购物空间中，其摆设要符合主体空间的格调、性质和氛围。常用的布置形式包括悬挂式、墙挂式和立地式三种。

1. 悬挂式。艺术品通过顶棚的悬吊，垂落于空间之中，形成具有一定造型的空间陈设品。它能较好地填补空间的空白，活跃空间氛围，并引导人的行为。（如图4-31所示）

2. 墙挂式。艺术品以绘画、壁画作品为主，常设于休闲空间、中庭顶部或通道空间。大幅壁画让人印象深刻，不仅烘托出大空间，而且画作的主题更让空间熠熠生辉。小型绘画起到调节气氛和艺术欣赏的作用。（如图4-32所示）

图 4-31　悬挂式艺术品　　　　　　　　　图 4-32　欧式新古典主义建筑壁画、雕塑

3. 立地式。以地面雕塑作品为主，使艺术贴近顾客，并利用艺术品的魅力起到引导作用。（如图 4-33、图 4-34 所示）

图 4-33　马的造型地面小品　　　　　　　　图 4-34　树木建筑景观

【思考与练习题】

1. 简述休闲空间的分类、特点及设置要求。
2. 简述绿化植物在商业空间中的作用及组织形式。
3. 为某商场中庭设计水景、绿化组合景观，方案2～3个，A3纸张大小。

【商业空间案例】 迪拜购物中心

迪拜购物中心由DP建筑师事务所设计，于2008年建成，建筑面积555600平方米，就总面积而言，是当今世界上最大的购物中心。商场里世界各地的名牌齐集，名表、名包、名牌服装、名牌化妆品、名牌鞋子、名牌墨镜、最新款手机、电器等，应有尽有，有大约1200个商店、16000个停车位。商场内配套齐全，小饮区、小憩区、水景、绿化、艺术品等装点、服务于整个商业环境，给人们带来清新、自然、舒适的感受。此外，它还有世界最大的水族馆、最大的黄金市场、奥运比赛规模冰场、6层楼高的巨幅屏幕影院、探险公园、沙漠喷泉等。（如图4-35～图4-48所示）

图4-35 商场内部空间环境

图4-36 内部通道

图4-37 商场内某商店门头

图4-38 商场内某商店内部销售空间

图4-39 水族馆

图4-40 商场内水景、绿化及小饮区

图4-41 冰场

图4-42 露天剧场

图4-43 艺术品的观赏

图 4-44 商场内的展台

图 4-45 商场内的小饮区

图 4-46 沿道式小憩区

图 4-47 中庭小饮区

图 4-48 小憩区

第 5 章 店面设计

商业空间成功的选址与店面的外观设计是影响商业空间成功设计的先决条件。影响商业空间选址的因素有很多,如附近的商业环境、交通状况、顾客消费人群、自然环境、竞争店情况等。而一个成功的店面设计(入口、橱窗、招牌)不仅能吸引顾客,促进商品的销售,获得显著的经济效益,树立良好的商业形象,还可以美化城市面貌。

本章主要讲解店面入口设计、橱窗设计及招牌设计,要求学生了解店面设计的内容及在商业空间设计中的作用,掌握入口、橱窗及招牌设计的布置形式和设计手法,理解针对不同商店的行业特性和经营特色店面设计的差异化体现。

第一节　入口设计

商场入口是商场空间与外部环境相互联系的窗口与桥梁。一般大中型商场都有多个出入口，应有不少于两个面的出入口与城市道路相连接，而主入口设置在主要道路、商业街旁，次入口设置在次要道路旁、另一条街或其他商店入口的接近处，主次入口在装饰造型、用材、门幅宽度上都有所区别。大中型商店在建筑物背面或侧面，还应设置净宽度不小于 4m 的运输道路，运输道路也可与消防车道结合设置。

一、入口的构成要素

图 5-1　某商场入口

图 5-2　某商场对称式入口

图 5-3　玻璃和金属框架构成的商场入口

一般商场的主大门区由入口、入口广场、入口门头或雨篷、入口招牌四部分组成。（如图 5-1 所示）

入口是一个过渡空间，它包括雨篷、门廊下所形成的空间，这个空间的大小是根据建筑的不同性质和规范要求所决定的。如大型商场，入口空间也做适当的休闲空间，以满足人们停留、休憩、观景的需要；较小的商店的入口空间是为形成与街道完全不同的内外空间的转换。

入口广场是在商业建筑入口前留有适当的集散场地，为方便商业活动、人流的集散，有时与商业步行街结合设置。

雨篷的设置是在入口处形成一个遮蔽空间，在雨篷边沿处设柱子形成门廊，给人们在转换室内与室外空间场所时提供一个缓冲地带。

入口招牌是十分重要的宣传工具，它以文字、图形或立面造型指示商店卖场名称、经营范围、经营性质、营业时间等重要信息。

二、主入口的布置方式

1. 正面临街的主入口

大型商场的主入口正对商业街，采用对称和均衡的方式布置在商场建筑的中部，以体现大型商场的气势、魄力和外部形象的壮观。（如图 5-2、图 5-3 所示）

小型及中型的商店，其主入口的布置形式灵活多样，通常有正入式、双门式、敞开式、一侧式、成角式等方式。（如图 5-4～图 5-8 所示）

图 5-4　正入式主入口

图 5-5　双门式主入口

图 5-6　敞开式主入口

图 5-7　一侧式主入口

2. 转角临街的主入口

有些大型商场建筑物位于两条商业街交汇的一侧，为突出其主入口的视觉效果，将商场主入口设置于转角处，使入口显现出较大的视角范围和宏伟气势。

（1）顺沿式。建筑物顺转角地形边沿布置，并将主入口设于转角处。（如图 5-9 所示）

（2）体块式。建筑物在转角处理时，以不同的体型和体量的块体组合，构成具有丰富造型的建筑形体。（如图 5-10 所示）

图 5-8　成角式主入口

图 5-9　顺沿式主入口

图 5-10　体块式主入口

三、入口的造型设计手法

1. 凹入法：入口凹入建筑外立面之内，使入口处形成室内与室外过渡性的虚空间，内凹的虚空间与建筑外立面形成鲜明的形体与光影的对比，给人以丰富的空间层次感。大型公共建筑的外立面与规划红线紧靠时，往往采用这种类型的入口。（如图5-11所示）

2. 前凸法：入口与门头在形态上凸出于建筑的外立面，形成门廊空间或雨篷空间，以此来强调商场主入口。常用的前凸装饰手法为前置雨篷、前置防风防雨通道或其他建筑造型。（如图5-12所示）

图5-11 内凹入口

图5-12 外凸入口

3. 对比法：利用商场表面装饰采用相同的材料延至一定高度，与周围建筑用材有所区别，形成较为醒目的主大门区；或利用门头色彩的对比，突出商场主入口；或通过一定的图案、造型的对比，产生具有一定美感和情趣的主入口。（如图5-13所示）

4. 结合法：结合店面或门头附件花饰、地面纹样、空中艺术构件、门上铁花或木格图案、门上玻璃刻花图案等装饰手段对入口空间进行造型设计，使入口具有个性化的独特感和艺术感。（如图5-14所示）

图5-13 醒目的商店主入口

图5-14 个性化的店面

5. 塑造法：通过造景或卡通式布局，对主入口进行造型设计，营造一种意境或趣味性的视觉效应。（如图5-15所示）

6. 线形法：利用店面或门头的线形造型处理，如直线、曲线、自然形态的线形等，将人们的视线及行动路线自然引至入口空间，入口造型与店面的线形走势相吻合，成为线形的末端。（如图5-16所示）

7. 变异法：将门的造型或入口区域的装饰进行超出常规的变异处理或利用造型的残缺美，产生特殊的视觉形象和角度，从而引发顾客的好奇心和注意力。（如图5-17所示）

图5-15　趣味性造型的店面门头

图5-16　线形入口造型

图5-17　变异的入口造型

第二节　橱窗设计

橱窗是展示品牌形象的窗口，也是传递新货上市以及推广主题的重要渠道。在现代商业活动中，一个构思新颖、主题鲜明、风格独特、手法脱俗、装饰美观、色调和谐的商店橱窗，既能最大限度地调动消费者的视觉神经，达到诱导、引导消费者购买的目的，又能起美化商店和市容的作用。

陈列橱窗的发展与玻璃的发展有密切的联系，没有玻璃，就谈不到橱窗。橱窗的演变趋势是由狭小发展到宽敞；由窗格式发展到画框式，进而演变到无框式；由封闭式演变到开敞式、透明式。

一、橱窗的形式

橱窗一般由底部、顶部、背板、侧板组成。根据构件的完整程度，橱窗可分为：

1. 封密式橱窗

上述部分构件齐全的橱窗称为封密式橱窗。陈列商品封闭在橱窗里，内部不容易飞进灰尘，商品能在隔离状态下展示较长时间并保持清洁，在光照下更好地展现出商品的造型。但封密式橱窗的通风、散热性能差，光污染严重，很多商品经过一段时间后就不能再使用了。

封密式橱窗的背板是不透明的，可以作为陈列商品的背景进行装饰，以配合商品的展示和陈列。在商场营业厅里不透明的背板隔绝了橱窗，可以放置货架或当小贮物区等任意布置，也可以使用磨砂玻璃等半透明材料作为背板。（如图5-18所示）

2. 半封闭式橱窗

半封闭式橱窗的后背与店堂采用半隔绝、半通透的形式，能够很好地兼顾橱窗和店铺，使二者同时体现，使用范围较广，实施方法灵活多样。（如图5-19所示）

图 5-18　封密式橱窗

图 5-19　半封闭式橱窗

图 5-20　开敞式橱窗

3. 开敞式橱窗

并非所有的橱窗都具有上述四个部分构件，不少橱窗只有其中的部分。开敞式橱窗没有后背板，直接与商店卖场的空间相通，人们可以透过玻璃将店内情况尽收眼底。在设计实施上要求店面与橱窗无论在色彩、结构还是货品展示方面都能形成统一的、完美的画面，而橱窗部分又应突出，展现空间的立体层次感。基于店铺的空间完美设计，无须用其他装饰物品做过多的修饰，将橱窗陈列与店面整体空间相结合即可。（如图5-20所示）

二、橱窗的布置方式

1. 场景式橱窗

场景式橱窗布置是根据商品用途，把商品在某种生活中使用的情形布置成特定的场景，商品则成为其中的角色，显示其功能上和外观上的特点。场景式橱窗容易引起顾客的联想和亲切感，激起消费者的购买欲。（如图5-21所示）

2. 专题式橱窗

专题式橱窗是以某种与商品有关的专题为主题，选择和布置商品的一种橱窗形式。如以庆祝某一个节日为主题组成节日专题橱窗；以社会上某项纪念活动为主题，将关联商品组合起来的橱窗。橱窗布置中既有实物陈列，又可以有与该类商品相关的文字介绍、图片等。各类道具和商品的配合，构成热烈的场面，渲染主题气氛。（如图 5-22 所示）

图 5-21　场景式橱窗

图 5-22　圣诞节专题橱窗

3. 系列式橱窗

系列式橱窗布置是为生产厂商完整展示某一类产品而设置的，大中型店铺橱窗面积较大。如珠宝饰品，将同一品牌某一主题的耳环、项链、戒指、手链等系列饰品组合陈列。又如家电产品，同一品牌，有不同的型号、样式、规格及色彩等，通常陈列某品牌的系列产品，使消费者充分了解该产品的特点和功能，以达到品牌效应，使消费者产生信任感。（如图 5-23 所示）

4. 综合式橱窗

将各种不同类型、不同用途、不同质地的商品综合陈列在一个橱窗内，以组成一个完整的橱窗。由于商品之间的差异较大，设计时要尽可能避免杂乱无章，在无序之中找出"头绪"，选择有代表性的商品进行有意识的设计，做到既丰富多彩，又井然有序。（如图 5-24 所示）

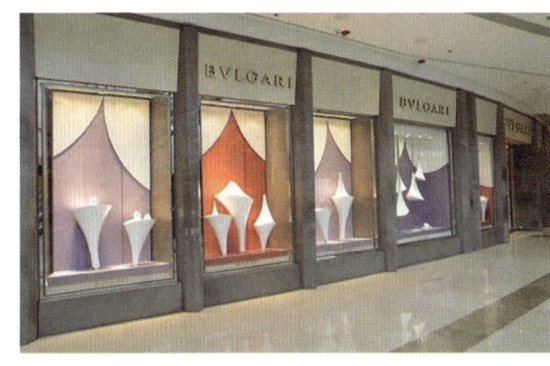

图 5-23　系列式橱窗

图 5-24　综合式橱窗

三、橱窗的设计要点

1. 设计主题明确

橱窗设计必须有明确的主题,应该用醒目的品牌形象、宣传语言和新颖的展示形式,结合与商品相关联的背景、道具、灯光等各方面设计元素,统一设计,表达出鲜明生动的橱窗主题内容,给消费者一个直观的并富有感染力的展示形象,激发顾客的消费欲望。

2. 满足商业消费功能需要

橱窗设计的重要目的是体现商业消费的功能要求,通过橱窗的设计对消费者产生吸引力和购买行为。如果设计师仅局限于思考商品的展示形式、陈列技术,只从视觉美化上进行考虑,不去考虑橱窗的设置意义和功能要求,那么橱窗设计就会变为无效设计,将无法达到扩大商品销售和满足消费者需求的最根本目的。

3. 橱窗设计的地域消费文化定位

不同的地区、不同的购买群体、不同的购买习惯导致不同的消费文化。进行橱窗设计要充分调研当地的传统民族文化意识、消费观念、风俗习惯、消费水平、消费群体等内容,做到将橱窗设计与当地消费文化环境整体协调,设计功能定位准确。

4. 橱窗设计的艺术性

橱窗是一个商店、卖场设计的门面和第一视觉形象。只有将艺术性与功能性完美地结合,才能设计出优秀的橱窗。设计师不仅要熟练掌握设计形态、灯光处理、材质表现、色彩体验等设计表现语言,运用形式美原理,创造出一个主题突出、格调高雅、富有立体感和艺术感染力的展示橱窗,还可以运用寓意与联想、夸张与幽默的艺术性表现手法。寓意与联想可以唤起消费者的种种联想,产生心灵上的某种沟通与共鸣,以表现商品的种种特性;合理的夸张将商品的特点和个性中美的因素明显夸大,强调事物的实质,给人以新颖奇特的心理感受;贴切的幽默、风趣的情节,充满情趣,耐人寻味。(如图5-25、图5-26所示)

图5-25 富有立体感的橱窗

图5-26 富有艺术表现力的橱窗

第三节　招牌设计

招牌是商业空间店标、店名、广告的载体，一般由文字和图案等构成。材料一般可选用薄片大理石、花岗岩、不锈钢板、薄型涂色铝合金板等。招牌设计应醒目地显示店名及商店卖场标志，以企业标志来突出企业在周围环境中的识别性，强调和突出企业形象。招牌的位置要以突出、明显、易于认读为原则，一般设置在商店大门的入口上方，或在屋檐下悬置巨匾，或将字横向镶于建筑物上，或单独设置在离店面有一段距离的路口拐角处指示方向，使来自不同方向的行人均能从远处看到。

招牌的种类较多，常见的有以下几种：

1. 悬挂式。悬挂式招牌较为常见，通常招牌直接悬挂于商店门口、外墙面或其他构件上。（如图 5-27 所示）

2. 直立式。招牌以平面或立体的形式竖立设置于商店前的地面或屋顶上。直立式招牌可以设计成竖立长方形、横列长方形、三面或四面立体形等，不像门上的招牌那样受篇幅限制，可以设计一些特殊的造型和图案，更为吸引顾客的注意。（如图 5-28 所示）

3. 出挑式。招牌从商店外墙面悬臂出挑，与建筑表面有一定距离，突出醒目，易于识别。（如图 5-29 所示）

图 5-27　悬挂式招牌　　　　图 5-28　直立式招牌　　　　图 5-29　出挑式招牌

招牌在造型设计上应具有较大的趣味性，能更好地吸引消费者，并能明显地反映店铺的经营风格。在内容表达上要做到简洁突出。简明扼要的招牌不但令消费者过目不忘，还能达到良好的交流目的。色彩运用要温馨明亮、醒目突出，能给人留下深刻印象，如具有强烈穿透力的红、黄、绿，以及一些暖色和中性色。在图案、字体的选择上充分考虑所从事的行业特征和目标消费群体，如儿童服装店，其招牌的设计色彩应鲜艳明亮，在图案、字体上，应选择生动有趣的卡通形象和字体，既能明示经营特点，也可以吸引儿童的眼球。招牌在夜间可以通过霓虹灯、日光灯等形式使店铺明亮醒目，增加店铺可见度，制造热闹和欢快的气氛。（如图 5-30、图 5-31 所示）

图 5-30　线条形招牌

图 5-31　趣味性招牌

【思考与练习题】

1. 商场入口由哪几部分组成？
2. 简述商业空间主入口的布置形式及设计手法。
3. 橱窗的布置形式有哪几种形式，它们各有什么特点？
4. 根据某城市真实的商场或专卖商店的入口进行优缺点分析，做出改造设计，并撰写 500 字的设计说明。

【商业空间案例】 Feed 旗舰店

Feed 旗舰店为传统的肉类消费打造高级的另类表现方式，是超越高标准的肉食店原型，创造一个大型的经销商总部来满足客户家庭日常及特殊的肉类需求。在某种意义上，这家店铺描绘了一个新的概念，向顾客介绍 Feed 肉类生产的源头及一系列流程，而不仅仅是产品销售，从而融入消费者的日常生活，为人们创造了更好的饮食生活。（如图 5-32～图 5-42 所示）

图 5-32　店面外部

图 5-33　企业 Logo

图 5-34 店内陈设

图 5-35 陈列架

图 5-36 顶棚与灯饰

图 5-37 展台

图 5-38 货架

图 5-39　灯光设计

图 5-40　造型设计

图 5-41　展列架

图 5-42　展品区

第6章 商业空间色彩设计

在商业空间设计中，影响审美的因素主要有物体的形态、质感、色彩、光影等，而色彩是其中最重要的因素之一。色彩可谓是空间设计的"灵魂"，在一定的意义上，空间设计的成败、格调的高低雅俗，在色彩的使用上可以最直接反映出来。色彩对人的作用相比形状、材料对人的影响不仅直接，而且也更为全面，因此要注重色彩的功能，利用人们对色彩的视觉感受，创造富有个性、层次、秩序与情调的商业空间环境。

本章主要讲解商业空间色彩的物理、生理、心理三大效应和商业空间色彩设计原则，要求学生了解商业空间色彩的物理、生理、心理三大效应，掌握和理解商业空间色彩设计原则，并能够根据室内环境的功能要求、商品特性进行色彩设计，营造合适而有视觉吸引力的商业空间环境。

第一节　商业空间色彩的情感表达

色彩是一种物理现象，它令人通过视觉感受产生一系列的生理和心理的效应。色彩有丰富的联想和象征意义，如表现出冷暖、远近、轻重、大小等，如象征庄严、刚强、柔和、富丽、简朴等。不同功能特点的色彩相互协作、相互影响，我们可以结合空间设计风格和装饰材质特性，构建一个更加完美、和谐、富有情感的商业空间。

一、色彩的物理情感表达

人们通过视觉感受对色彩产生丰富的联想。不同的色彩引起的视觉效果反映在物理层面，如温度、距离、尺度、重量等，将会赋予设计作品感人的魅力，好的色彩搭配使商业空间大放异彩。（如图 6-1、图 6-2 所示）

图 6-1　活力的色彩

图 6-2　多彩的墙板

图 6-3　富有凉爽感的冷色系

1. 温度感

温度感，又称为冷暖感。一般地说，给人以暖感的色称为暖色，如红、橙、黄等；给人以寒冷感觉的色称为冷色，如蓝、蓝绿、青紫等。色彩的冷暖可以塑造不同的空间氛围，如冷食店的色彩设计，应多用消极而沉静的冷色，如蓝、蓝绿、蓝紫等，在炎热的夏季，阳光似火，当看到冷色时，人们在心理上会感到凉爽许多。（如图 6-3 所示）

2. 距离感

色彩可以使人感觉远近的不同，暖色系和明度高的色彩具有前进、扩张的感觉，而冷色系和明度较低的色彩则具有后退、远离的效果。商业空间设计中常利用色彩的这些特点去改变空间的大小和高低。如商业空间过高时，可用前进色减弱空旷感；柱子过粗时则采用后退色，使之看上去不那么笨拙；空间过小时宜采用后退色，使空间体量看上去更大些。（如图6-4所示）

3. 重量感

色彩的重量感主要取决于明度和纯度，明度和纯度高的显得轻飘，明度和纯度低的显得庄重。在商业空间设计时，注意色彩轻重的搭配，把握上轻下重的设计原则，协调好人们的视觉平衡感。如商业空间层高过高时，天花板

图6-4　色彩的距离感

可采用略重的下沉性色彩，地板可以采用较轻的上浮性色彩，使高度感得到适当的调整。如商业空间层高较低时，则天花板采用较轻的上浮性色彩，地板采用较重的下沉性色彩，使空间产生较高的感觉。（如图6-5所示）

4. 尺度感

色彩的尺度感与色相和明度有关系。暖色调和明度低的色彩有内聚感，冷色调和明度高的色彩有扩散感。如面积较小的商店，宜采用冷色调或亮调，店铺空间显得大；而空间尺度大的卖场，采用暖色调或暗调，空间显得亲切、温馨。（如图6-6所示）

图6-5　色彩的重量感

图6-6　色彩的尺度感

二、色彩对人的生理情感表达

康定斯基认为，绿色具有一种人间自我满足的宁静，这种宁静具有一种庄重的、超自然的无穷奥妙。从这句话我们可以看出绿色使人宁静、心旷神怡。另外，红色象征热情，使人激动和振奋；蓝色象征理智，使人冷静和愉悦。色彩有着丰富的含义和象征，国家、民族、年龄、性格、素养的差异导致人们对色彩表现出不同的认识和感受。如看到红色，联想到太阳，万物生命之源，从而感

到崇敬、伟大、活力、希望、发展等。看到蓝色，联想到大海，寓意博大、理智；看到白色，联想到婚纱，象征纯洁、神圣。（如图6-7、图6-8所示）

图6-7　蓝白色调的"海底世界"

图6-8　红白相间的流动感

三、色彩对人的心理情感表达

色彩本身不具备感情，但是人们在长期的生活中形成了一些固定的象征，使色彩具有了某种情感与含义。色彩对人的心理具有兴奋、沉静、活泼、忧郁、华丽、朴素、柔和、坚硬等情感暗示。在选用色彩时，应根据不同性质的空间使用功能、地区环境等进行选择。黄、橙、红暖色系列能使人心情舒畅，产生兴奋感；蓝、绿、紫等冷色系列给人以沉静感。如在人少的商店卖场配色宜采用暖色系，喧闹的商店卖场宜用冷色系。在儿童服装、玩具商店的设计中，可以选用暖色系列的色彩，使空间活泼，具有趣味性，充满热情和希望，让人产生兴奋感。又如钻石珠宝商店，色彩可以选用紫色，彰显精致富丽、高贵迷人的气韵，或偏红的紫色，尽显华贵艳丽的风度，或偏蓝的紫色，流露沉着、清高、孤傲的气质。（如图6-9、图6-10所示）

图6-9　富有趣味的苹果绿

图6-10　古典的紫色调

第二节　商业空间色彩设计的原则

人进入某个空间最初几秒内得到的印象中的75%是对色彩的感觉。品牌的定位或传统的，或高雅的，或时尚的，都会通过色彩的设计得以体现，同时色彩给人带来某种视觉上的差异和艺术上的享受。在商业空间环境中的色彩设计要遵循一些基本原则，这些原则可以更好地使色彩服务于整体的空间设计，从而达到最好的境界。

一、满足空间功能要求

不同的空间有着不同的使用功能，色彩的设计也要随着功能的差异而做相应的变化。商店卖场的色彩设计应满足功能和精神层面的要求，能够使消费者感到舒适而达到销售商品的目的。认真分析每一个空间的使用性质，如儿童专卖、电器专卖、鞋类专卖、食品专卖等，由于使用对象的不同或使用功能的差异，空间色彩的设计就会有所区别。如儿童专卖店色彩设计可以采用鲜艳的颜色，因为鲜艳的色彩能使孩子获得一种欢乐、活泼与愉快的空间气氛，符合儿童的色彩需求。食品专卖店可采用暖色调，刺激顾客的味觉器官。游戏专卖店可采用深邃、素雅的背景色，重点展示和突出游戏商品。（如图6-11、图6-12所示）

图6-11　色彩丰富的儿童商店

图6-12　造型与色彩的搭配

二、整体协调统一

色彩设计以突出商品为重要目的，空间的基调色彩需要结合空间的用途和特征，衬托商品，塑造商品形象与格调。色彩不能追求过多的变化或过于杂乱，否则会使人眼花缭乱，甚至带来过分刺激，从而弱化了商品，但过于统一、没有对比会使人感到平淡而无生气。如大面积的色块不宜采用过分鲜艳的色彩，局部和小面积的用色可大胆而强烈，形成有对比、有动感的欢快氛围。一定要认真分析和谐统一与对比变化的关系，使商店卖场的色彩体现出一定的节奏感、韵律感和稳定感，切忌杂乱无章。（如图 6-13、图 6-14 所示）

图 6-13　律动感的设计　　　　　　　　图 6-14　协调的色彩与造型设计

三、遵循色彩感情规律

不同的色彩会给人的心理带来不同的感觉。符合多数人的审美要求是商店卖场色彩设计的基本规律，如青年人适合对比度较大的色系，让人感觉到时代的气息与生活节奏的快捷；儿童适合纯度较高的浅蓝、浅粉色系；运动员适合浅蓝、浅绿等颜色，以减轻兴奋与疲劳；军人可用鲜艳色彩调剂军营的单调色彩；体弱者用橘黄、暖黄色，使其心情轻松愉快等。在确定商店卖场色彩时，不仅要考虑人们的感情色彩，还要注意不同的民族、地域和气候条件。（如图 6-15、图 6-16 所示）

图 6-15　时尚的黑色调　　　　　　　　图 6-16　凸显少女情怀的粉红色调

【思考与练习题】

1. 简述色彩对人的生理、心理的不同情感表达。
2. 如何利用色彩营造商业空间环境？
3. 简述商业空间色彩设计的原则。

【商业空间案例】Le MISTRAL 礼品店

Le MISTRAL 礼品店，专门售卖欧洲杂货，是由日本 JP architects 负责打造而成的。该灵感来源于科幻电影《Tron》，空间内的方块以及边缘线条整齐有序地分布到地面、墙身、货架等位置，从欧洲采购回来的精品货物则整体地排列在墙壁的货柜以及中间的桌面上；而室内的色调则以 Le MISTRAL 一贯传统的深蓝色以及白色边框作为主调，突出了空间的整体性以及立体感，为客人带来全新的视觉享受以及购物体验。（如图 6-17～图 6-23 所示）

图 6-17　门头设计

图 6-18　色彩搭配

图 6-19　内部陈设

图 6-20　中心桌面

图 6-21　货柜

图 6-22　方块及线条造型　　　　　　图 6-23　立体感设计

第7章 商场界面装饰材料及照明设计

材料是商业空间环境设计支撑的骨架，能"点石成金"，使完美的设计成为现实。室内光环境的艺术处理与室内空间的构造、色彩、陈设、家具及各界面的装饰处理有机结合，不仅可以形成和谐的艺术氛围，满足人们的视觉功能要求和各种心理要求，还可以弥补材料档次所带来的不足。

本章主要讲解商场装饰材料的选用和照明设计的方式，要求学生了解装饰材料和照明布局在商业空间设计中的重要性，掌握各种材料的性能、价格、加工状态和不同场所的适用光源及照明方式，理解商业空间的形、光、色、质等要素的生产、制作以及施工技术和手段。

第一节 商场装饰材料的选用

商业空间的装饰材料依附于室内空间的各个界面，运用在不同部位给人的触觉、视觉和心理感觉造成不同的感受。装饰材料的选择不仅要考虑到使用功能和装修效果，还要考虑到施工的进度以及整个装修工程的造价，因此装饰材料的选用要考虑实用、方便、美观、经济、合理等原则。

一、地面材料的选用

地面作为人的活动和商场设施的承压空间，必须要有牢固的构造和耐磨的表面，以保证足够的安全性和耐久性，同时还应具备防滑、防潮、防火、易清洁、易施工的特点。在色彩、图案、材料、质感的装饰处理上，要满足人们的使用功能和精神上的追求与享受，达到美观、舒适的效果。

地面材料具有划分、引导和连接空间的作用。（1）划分空间。利用地面图形或色带、光带，在顾客心理上划分和限制空间、区域。（2）引导空间。利用各空间地面间材质的变化、图形编排和色彩运用，引导顾客走向一定的购物、休闲等各区域。（3）连接空间。利用地面灯带、图案、高差、材质变化等将多个互不联系的小空间联系在一起，使空间造型形成连续的组合状态，使商场空间分隔有序而不零乱。（如图 7-1～图 7-4 所示）

图 7-1　地面材料划分空间

图 7-2　地面拼花图形划分空间

图 7-3　地面图形引导空间

图 7-4　地面造型连接空间

地面是空间的底面，以水平面的形式出现，地面常采用瓷砖、石材、木板、地毯等不同的材料。

1. 地砖

地砖用黏土烧制而成，质坚、耐压、耐磨、防潮。地砖的花色规格多样，有釉面砖、通体砖、抛光砖、玻化砖、仿古砖等。色彩明快的玻化砖装饰现代风格的商店；沉稳古朴的釉面砖放在中式、欧式风格的空间里相得益彰；马赛克的不同材质、不同拼接运用为商业空间添加万种风情；而创意新颖、气质不俗的花砖又起到画龙点睛的作用。

石材以大理石、花岗岩为主。大理石，质地纯洁，结构细致均匀，透光性较好，块度大，抛光性较好，色彩花纹极为丰富，是高档的地面材料。花岗岩，质地坚硬致密，强度高，抗风化，耐腐蚀，耐磨损，光洁度极好，是高档的豪华型地面材料。如在人流相对集中的入口、楼梯、自动扶梯、主通道等处以及部分休闲空间、观赏空间的地面，运用花岗石、大理石、地砖等硬质耐磨材质。一般商品展示地面也常用预制水磨石、地砖、大理石等材料。（如图7-5所示）

图7-5　石材铺装效果

2. 木地板

木地板以木质材料为主，能保温，弹性适当，纹质优美，可分为实木地板、实木复合地板、强化木地板等。木地板等软质饰材适用于销售区和店中店地面。如销售区面积较大时，可作单独划分或局部饰以纹样处理，常以同质地砖或花岗石等地面材料铺砌。专卖型店中店的地面可用地板、地砖、地毯等材料。（如图7-6所示）

图7-6　木地板铺装效果

3. 地毯

图7-7　地毯铺装效果

地毯质感柔软、厚实，富有弹性，色彩丰富多样。商店采用的地毯大多为化纤地毯，装饰性强，保温和吸音性良好，常用于较高档的商店中或高档商品的展示区域。（如图7-7所示）

二、墙面材料的选用

墙面作为空间的侧面，以垂直形式出现，具有建筑构造的承重作用和建筑空间的围隔作用。墙面材料种类较多，如饰面板、涂料、油漆、壁纸等，通常应选择无毒、无异味、无辐射、易清洁和防火的饰面材料。

1. 饰面板

饰面板有胶合板、纤维板、塑料板、铝合金板等。饰面板用于木材表面，使木材更加耐久，表面光滑平整，易清洗，触摸感好，图案花纹美观，装饰效果好，常用于商场或专卖商店各种护墙壁板、木墙裙或罩面板。如斑马木饰面板，纹路类似斑马的纹路，装饰效果粗犷，适用于简约风格，可装饰商店整体和局部。（如图7-8、图7-9所示）

图7-8　饰面板装饰效果

图7-9　高光铝塑板饰面效果

图7-10　油漆、涂料饰面效果

图7-11　商用壁纸装饰效果

2. 油漆、涂料

油漆、涂料种类繁多，色彩丰富，易清洁。商场空间的大部分墙面都直接被货架、更衣室、展柜、仓储等空间占用，只有少部分暴露在外，而少部分墙面又集中于入口和货架的上部分空间，因此墙面一般只须用乳胶漆等涂料涂刷或喷涂处理即可。（如图7-10所示）

3. 壁纸

壁纸是贴在墙壁上的装饰材料，具有一定的强度、韧度和良好的抗水性能。壁纸种类繁多，可分为有覆膜壁纸、涂布壁纸、压花壁纸、羊毛壁纸等。壁纸色彩多样，图案丰富，安全环保，施工方便，常用于品牌专卖商店、商场小饮区、休闲空间的墙面装饰，能够渲染商业空间意境，形成豪华大气的个性化空间氛围。（如图7-11所示）

4. 玻璃

从室外外墙玻璃到室内的艺术，玻璃在商业空间领域中使用频率很高。玻璃品种很多，常见的玻璃主要有平板玻璃、装饰玻璃、安全玻璃、特种玻璃、新型装饰玻璃、玻璃砖等，还有其他类别的如防火玻璃、镀膜玻璃、彩色玻璃、彩印玻璃、釉面玻璃、制镜玻璃、玻璃马赛克等。玻璃透光性好，隔声隔热，质轻光洁，耐腐蚀，抗冲刷，易清洗。通常普通平板玻璃达到5cm～6cm，可用于外墙窗户、门扇等小面积透光造型之中；7cm～9cm的玻璃，可用于室内屏风等较大面积但又有框架保护的造型之中；9cm～10cm玻璃，可用于室内大面积隔断、栏杆等装修项目。达到15cm以上的玻璃，主要用于较大面积的外墙整块玻璃墙面。玻璃色彩多样，观感、光泽效果俱佳，装饰性强，广泛运用在商业空间的墙面、顶棚、地面以及各种门窗、室内隔断、橱窗橱柜、展台展架、玻璃隔架等处。（如图7-12所示）

图7-12　玻璃橱窗装饰效果

三、顶棚材料的选用

现代商业建筑的顶棚，是通风、空调、消防、照明、音响、监视等设施的覆盖面层，为其覆盖之下的物体提供物质和心理上的保护。由于商场有较高的防火要求，为便于顶棚上部管线设施的检修与管理，顶棚常采用轻钢龙骨、矿棉板、石膏板、铝塑板、金属穿孔板等材料。

1. 矿棉板

矿棉板是由无毒矿物纤维棉为原料制成的，常与轻钢龙骨或铝合金龙骨配套使用，具有防火、防潮、隔热、质地轻、吸音良好等优点。矿棉板表面处理形式多样，有较强的装饰效果。如表面经过处理的滚花型矿棉板，俗称"毛毛虫"，表面布满深浅、形状、孔径各不相同的孔洞。浮雕型矿棉板，经过压模成形，表面图案精美，有中心花、十字花、核桃纹等造型，是一种很好的装饰用吊顶型材。（如图7-13所示）

2. 石膏板

石膏板以建筑石膏为主要原料制成，具有重量轻、强度较高、厚度较薄、加工方便、防火、防潮、吸音等性能，可锯、可钉、可在面层进行喷涂或涂覆。材料间的接缝经处理看不到拼接痕迹，图案也不受面材纹理及拼接限制。因此，石膏板是复杂或

图7-13　矿棉板顶棚装饰效果

档次较高的顶部装饰的常用材料。常用的装饰石膏板多为普通纸面石膏板和防火纸面石膏板。石膏板的安装通过轻钢等金属或木材作为顶棚龙骨，利用石膏板的可钉性，用螺钉或钉子固定于龙骨之上。（如图7-14所示）

3. 铝塑板

铝塑板是以经过化学处理的涂装铝板为表层材料，用聚乙烯塑料为芯材加工而成的复合材料。它以色彩多样、施工便捷、防火、质轻、隔音、耐腐蚀、耐风化、表面平整光洁的优良特性而受到人们的青睐，一般可用于商店卖场的天花板、室内隔间、展示台架、内墙装饰面板、广告招牌等，用途广泛。（如图7-15所示）

图7-14 石膏板顶棚装饰效果

图7-15 铝塑板顶棚装饰效果

四、柱体材料的选用

在不同的商业卖场空间中根据不同区域的需求，柱子的设计与所在空间的风格、形式等要相一致，以达到良好的展示效果，柱体造型应简洁大方，可与展示、陈列、货架等相互联系进行整体设计。在共享空间、扶梯两侧和商场入口处等，柱子可根据商业空间的整体设计需求做各种效果的布置装饰或展示宣传，有的可做成小景布置，以烘托商业气氛，有的可做成灯箱以展示品牌形象，有的可做成一个休闲空间。（如图7-16～图7-18所示）

图7-16 塑料饰面包柱效果

图7-17 玻璃包柱效果

柱体作为建筑空间的特定元素在很大程度上直接影响空间的视觉效果。柱体装饰用材应选用易清洁、无毒的装饰面材。常用材料有花岗岩、大理石、木质板材、不锈钢、玻璃镜面等，如不锈钢材质能使柱子显得通透；玻璃喷砂图案内打光的柱子设计显得轻盈，视觉效果好。

图 7-18　铝塑板包柱效果

五、入口与门头的材料选用

入口与门头的材料选用，应注意所选材质必须具有耐晒、防潮、防水、抗冻等耐候性能，如大理石不耐酸，通常不宜作外装饰材料；外露或易于受雨水侵入部位的连接宜用不锈钢的连接件，不能使用铁质连接件，以免店面出现锈渍，影响整洁美观。目前入口与门头常用的装饰材料有：各类陶瓷面砖，花岗石片页岩等天然石材，经过耐候、防火处理的木材，铝合金或塑铝复合面材，玻璃、玻璃砖等玻璃制品，以及一些具有耐候、防火性能的新型高分子合成材料或复合材料等。（如图7-19、图7-20所示）

图 7-19　轻金属钢架门头效果　　　　图 7-20　玻璃与板材装饰的门头效果

入口与门头所选用的饰面材料不仅要满足结构上或功能上的需要，还应关注用材的色泽（色彩与光泽）、肌理（材质的纹理）和质感（粗糙与光滑、硬与软、轻与重等）等方面所创造的不同视觉效果。粗糙材质凝重、厚实；光滑材质洁净、明快；透明材质明亮、开敞、轻快；镜面石材给人以豪华、富丽、典雅的感觉；轻金属钢架具有灵秀、有序、飘逸的感觉；不锈钢具有光亮、豪华的效果；木材给人朴实、亲切、温馨、典雅的感觉。

不同材料的质量、硬度、强度和韧性有所差异，在选择入口、门头的材料时，要考虑整体建筑所用的材料，两者之间可以通过对比关系来突出入口与门头的效果。

第二节　商业空间照明设计

商业空间照明设计的好坏，直接影响商业空间设计的效果。商业空间环境借助光的作用，满足其所需的照明功能，有意识地创造环境氛围和意境，增加空间环境的艺术性，美化空间，符合人们的心理和生理需求，对人的购物心理和情感起到积极的作用。

一、商店内部营业照明设计

商店内部营业空间照明设计要充分研究消费心理，按商店经营种类、地理环境、建筑式样、陈列方法等不同条件进行设计。如商品展示的照明设计要以突出商品为主，把商品的形、色、光、质等正确而恰当地表现出来。在营业空间采用吊轨灯配投影灯、聚光灯，将光线投射到商品上，以灯光束吸引顾客的目光和注意力，从而更加突出商品的特色。

通常规模较小的商店白天营业时尽可能采用自然采光，大部分商店的营业空间进深大，墙面基本上被货架、橱窗所占，同时为烘托购物环境，充分显示商品的特色和吸引力，通常营业空间需补充人工照明，而大型商店主要依靠人工照明。

商场营业空间采光可分为自然采光和人工照明两种方式。

1. 自然采光

图 7-21　玻璃幕墙自然采光

根据光的来源方向及采光口所处的位置，分为侧面采光和顶部采光。

侧面采光是利用大面积侧窗或技术含量较高的玻璃幕墙，使自然光线射入室内，光线随阳光的变化产生动人的光影效果，也使商业空间室内情景清晰地呈现在路人眼中，起到意想不到的招揽作用。（如图 7-21 所示）

顶部采光是通过天棚上大面积的天窗或采光井采集自然光线，光线光色自然，亮度高，并随天窗造型的不同产生不同的光影效果和视觉感受。商场内顶部自然采光的位置通常在共享空间和入口等位置，明亮、自然的光线是这些空间成为商业空间高潮中心的保障。（如图7-22所示）

图7-22 采光井自然采光

图7-23 玻璃顶棚自然采光

2. 人工照明

人工照明是商业空间照明的主要方式。人工照明可以随需而取，还可以利用光的强度对比、光影对比、光色对比、光色渐变等手法来表现空间的动静虚实，丰富空间层次，强调中心领域，明确导向空间，创造特有的商业气氛。

（1）整体照明

这种照明方式给环境提供基本的空间照明，以满足通行、购物、销售等活动的基本需要。通常把光源设置于顶棚或商场上部空间，安装在嵌入式或悬吊式的灯具内，或有规律地布置于厅内通道及侧界面附近。常用的光源有白炽灯、荧光灯、荧光汞灯和金属钠盐灯等，其照度一般为100Lx～750Lx，色温在3000K～6500K，要求保证照明器具的均布性和照明的均匀性。通常将整体照明与顶部界面造型和室内空间的组织分布相结合，形成商场空间顶部艺术造型的主体。（如图7-24所示）

（2）局部重点照明

这种照明方式是在整体照明的基础上，为加强商品展示时的吸引力，提高商品挑选时的审视照度，在某些空间区域或部位为特殊需要而设立的。局部照明常采用定向或多向式投射灯，或内藏式光源直接照明，或采用便于滑动、改变光源位置和方向的导轨灯照明，其照度为200Lx～1000Lx。橱窗照明也属于局部重点照明，其照度为500Lx～3000Lx。（如图7-25所示）

图7-24 通道空间整体照明

图7-25 橱窗展示重点照明

（3）装饰照明

装饰照明是以色光营造一种带有装饰意味或戏剧性、有魅力的购物空间环境，展现商场或商品的个性特征，诱发顾客的购物意愿。装饰照明通常采用泛光灯、霓虹灯、光导灯、发光壁面等实现，但在照度、光色等方面应注意不影响顾客对商品色彩、光泽、质地的挑选，同时要与营业空间的整体风格与氛围相协调。（如图 7-26 所示）

图 7-26　顶棚装饰性照明

（4）特殊照明

商场特殊照明包括应急照明和标志照明。

应急照明是商场在正常照明系统发生电源故障、停电、火灾等突发事故下，供人员疏散、保障安全或继续工作而设立的照明系统。应急照明包括备用照明、疏散照明、安全照明三种。

图 7-27　商场指示性照明

通常应急照明的持续工作时间不小于 30 分钟，其地面最低照度不应低于 0.5Lx；备用照明和疏散照明的应急转换时间不大于 5 秒，安全照明的转换时间不应大于 0.5 秒；为避免经济损失，商场中心的收款台应急照明的转换时间不宜大于 1.5 秒。应急照明不使用常规电网电源，可使用独立的充电、蓄电设施。

标志照明是带有发光装置、用高于背景亮度的文字或图形符号构成的一种利用光信号传递公共信息的指示装置。商场的标志照明一般安装在空间醒目的位置，距地面高度以 1.5m～3m 为宜，对顾客购物起到引导和提示作用，采用可自动切换的双电源供电；对于安全出口等带有紧急标志的照明应装设在疏散出入口上部和疏散通道及其拐角处距地 1m 以下的墙壁上，供电可配备蓄电池装置作为备用电池。（如图 7-27 所示）

二、店面照明设计

店面是顾客对商场或商场内部店中店的第一印象，是顾客决定是否入内购物的关键因素。商店为使晚间人们能够易于识别，通过光影变化、光色对比、光的形体塑造与店面造型、结构、用材结合成完整的统一形象，使店面和商品的陈列生动鲜明，进一步吸引和招揽顾客，完善和强化商店的品牌形象，创造购物的氛围和情绪，诱发人们的购物意愿。

商店室外照明方式基本上可归纳为：

1. 基本照明

保证商店入口处的基本照度与店内照明和周围亮度相平衡。通常光源设置在店面天棚下方，安装于嵌入式或吸顶式的灯具内，选择荧光灯所发出的均匀柔和的光线作为整体照明。为使某些物品对顾客产生视觉冲击力，可以增加局部点光源，或采用彩色的灯光或灯具装饰成图案，让顾客加深印象，吸引顾客关注店面及商店入口。（如图7-28所示）

2. 泛光照明

将照明光源或灯具和建筑立面的墙、柱、檐、窗、墙角或屋顶部分的建筑结构连为一体，从多角度用光显示商店建筑整体的体型和造型特点，常用于建筑周围地面或隐藏于建筑阳台、外廊等部位，以投光灯作泛光照明，产生明显的立体效果及光色层次，使商店在黑暗中显得炫目亮丽。（如图7-29所示）

图7-28 彩色灯光照明

图7-29 泛光照明效果

其照度主要取决于建筑物表面的材料、颜色、清洁度、周围环境的亮度和建筑材料的反射能力。通常，建筑主立面或需要特别表现的部位的照度应设计得高一些，而次要部位的设计照度应低一些，以达到分清主次、突出主题的目的。对表面光洁、颜色浅、清洁度好的材料如大理石、白色或奶油色瓷砖等，照度可以低一些；对表面材料粗糙、颜色深、清洁度不好的材料如普通红砖、褐色砂岩、黑色或灰色的砖块等，照度可以高一些，见表7-1。

表 7-1　建筑物立面照明的照度推荐值

墙面色泽	墙面材料	反射系数（%）	周围环境条件		
			明亮的	暗的	很暗的
			推荐平均照度（Lx）		
明	明亮的大理石、白色或奶油色瓷砖、白色粉刷	70～85	150	50	25
中	混凝土、着淡色油漆、明亮的灰色或褐黄色石灰石、面砖	45～70	200	100	50
暗	灰色石灰石、砂岩、普通黄褐色的砖块	20～45	300	150	75
暗	普通红砖、褐色砂岩、黑色或灰色的砖块	10～20	500	200	100

3. 轮廓照明

以夜空为背景，采用带灯、串灯或霓虹灯沿建筑外轮廓或店面或店面上具有特点的立面花饰、标志、店名等外形轮廓排列，产生带状轮廓照明，勾勒出商店或所在建筑的轮廓，突出强调店面及商店性质，具有较强的导向、告知和装饰功能。如将店面造型图案与轮廓照明组合编排成一定的装饰图形，在晚间有规律地变幻闪烁，能产生有动感、美观、新颖的店面轮廓的灯光装饰效果，具有强烈的商业渲染功能。（如图 7-30、图 7-31 所示）

图 7-30　药店外轮廓标志照明效果

图 7-31　建筑外轮廓照明装饰效果

图 7-32　门头树脂发光字装饰效果

4. 店头与橱窗照明

店头包括入口大门、招牌和店标。店头照明一定要有特色，其用光、用色要与商品协调、醒目，通常采用投射照明，或以歇顶、发光顶等对入口的顶部照明，其亮度要比周围的亮度高出 2～3 倍，以突出店面的位置、店面装饰造型、店名、店标等，使顾客在远处也能清楚地看到商店及商店内容。（如图 7-32 所示）

橱窗照明在突出展示产品及商场的形象、广

告促销、吸引顾客等方面起到了举足轻重的作用。一般多采用高亮度的聚光投射灯作为照明光源，其照度是店内营业平均照度的2～4倍。为增强晚间的照明及增加展示效果，除在顶部照射外，还要在橱窗两侧设置灯光以加强橱窗内多角度照射，常用于体育用品橱窗设计、高端服装店橱窗设计等。有的还设置霓虹灯、彩色灯光装饰来吸引行人和顾客，达到宣传商品和美化环境的目的。（如图7-33所示）

5. 灯箱照明

将荧光灯等组成的发光源均匀地排列在店面造型内部，透过有机玻璃、灯箱布和灯箱照片等透光材料使店面产生通体透亮的灯光效果。一般采用内打光方式，色彩艳丽，效果醒目，立体造型感强，具有极强的指示和招揽效应。灯箱内照明一般色温在4000K左右，要求灯管寿命8000小时以上。（如图7-34所示）

图7-33　橱窗照明效果

图7-34　入口及招牌夜间照明效果

总之，为了充分表现商店店面的特殊商业功能特点，增加其商业氛围和魅力，与周围环境相协调，必须选择恰当的照明方式、理想的光源和合适的照度，精心选择和布置灯具，使店面的照明效果更富有生气。

【思考与练习题】

1. 简述商业空间各界面材料的选用及其特点。
2. 入口与门头选用哪些装饰材料？应注意哪些方面？
3. 简述大型商业空间的照明及设置方式。
4. 商店室外照明方式包括哪些？

【商业空间案例】 Oscar & Wild 商店

商店内部整体呈几何形的构造，显得有序而幽静。商店入口采用摩尔门拱装饰，内部还包含几个金黄色的拱门，采用了黄白相间的装饰风格。白色的墙壁添加金黄色的装饰色调，看上去高贵而不失活力。整个店面空间的白色墙壁上布满椭圆形孔状镶板，配合灯光效果，给人流光溢彩之感。商店巧妙地将混凝土、石材、木材、玻璃等材质有机结合在一起，拱形的门窗、纤细的金属展架，充满着异域情调。各种样式的衣服稀疏地陈列在商店的不同位置，方便客人选购。（如图7-35～图7-41所示）

图7-35 入口

图7-36 拱门（1）

图7-37 拱门（2）

图7-38 墙壁设计与灯光效果

图7-39 色彩搭配

图7-40 玻璃展台

图7-41 商店陈设

第8章 商业空间设计程序与效果表现

商业空间设计是一个理性思考与条理化的工作过程。正确的思想方法、合理的工作程序是完成设计的基本保证。通过绘画手段或计算机辅助设计表现出的商业空间效果，直观，逼真，便于同业主之间的交流沟通。

本章主要讲解商业空间的设计程序和效果图的表现手法，要求学生了解商业空间设计的四个阶段和设计效果图的表现手法，掌握设计进程中四个阶段所需要做的工作和每一种表现图技法的特点及差异，理解并能够灵活地将效果图运用到实践项目设计中。

第一节　商业空间的设计程序

商业空间设计程序是指从开始拟定任务书到工程实施完成全过程中接触到的所有内容安排，是保证商业空间最终效果的前提。根据设计的进程，一般分为四个阶段，即设计前期阶段、方案设计阶段、施工图设计阶段和设计实施阶段。

一、设计前期

设计前期阶段主要是接受委托任务书，签订合同或者根据标书要求参加投标，明确设计期限并制定设计计划进度安排，考虑各有关工种的配合与协调。

在该阶段，首先，明确设计的目的和任务，如商业空间的使用性质、功能特点、设计规模、等级标准、总造价等，根据场所的功能性质创造所需的环境氛围、地域特色、文化内涵或艺术风格等。只有明确需要做什么，才能明白应该做什么、怎样去做，才能产生设计构思与计划方案。其次，现场分析，场地实测，认识和了解工作内容和基本条件以及项目的特点、难点，对现场各种空间关系现状做详细记录，对建筑质量、空间布局、设施管线及消防通道等有充分的了解，经多方面的分析与权衡后抓住关键问题。再次，综合整理设计资料及法律法规等，了解市场需求，对建筑环境和市场环境有全面的认识，得出相应的市场判断，从而确定设计方向。与业主沟通交流，业主的思想倾向与文化品位及其他资料都是不可忽视的方面。最后，拟定项目计划书，对已知的任务进行内容安排，从内部分析到工作实施，形成一个工作内容的总体框架。

二、方案设计

方案设计阶段是在设计前期阶段的基础上，进一步收集、分析、运用与商业空间设计任务有关的资料与信息，构思立意，进行商业空间设计创作的初步方案设计和深入设计，并将方案进行分析与比较。

1. 概念设计

概念设计是设计师利用设计概念并以主线贯穿整个设计始终的设计方法与设计步骤之一，是设计师感性和瞬间思维的凝结。设计师根据先前获悉的各种相关资料，推敲空间的组织形式、色彩设计的比较和装饰造型的细节，通常以草图的形式进行，画草图的过程就是辅助思考的过程。在此过程中需要落实以下几个方面内容：

（1）符合经营需求。用文字和草图的形式表达设计项目的类型特点和特殊的功能要求。

（2）划分空间区域。直接根据购物空间面积的大小和功能，反复排布、调整各空间区域的位置和面积。

（3）交通流线设置。根据粗略的区域划分，细化设计，完成区域细化和连接主次通道流线、货柜架排列、景观流线等。通常完成2～3个方案。

（4）空间节点。梳理空间关系，如共享空间、休闲空间、交通空间、服务空间等之间的衔接、叠加等关系。

（5）检查区域划分、动线设计、货柜架的设置、结构设施设计等是否符合商店建筑规范、消防疏散要求等规章制度。

2. 方案设计

方案设计阶段是概念设计的进一步具体化和准确化以及深入设计的过程。在草图绘制的基础上，对初步设计的多个方案进行比较、推敲和权衡，向委托方表达自己的设计构思与意图，在得到对方认可的最终优选方案上进行深入设计。按照设计要求，设计方案的文件通常包括：

（1）图纸说明。包括项目的总体设计说明、基本图纸的内容、设计范围、建筑与室内设计的依据和规范、设计创意、材料与照明设计说明等。

（2）平面图。主要表现空间布局、交通流线、货柜架的陈列摆放、门窗位置、地面铺设形式等，图纸常用比例为1∶100、1∶50。（如图8-1所示）

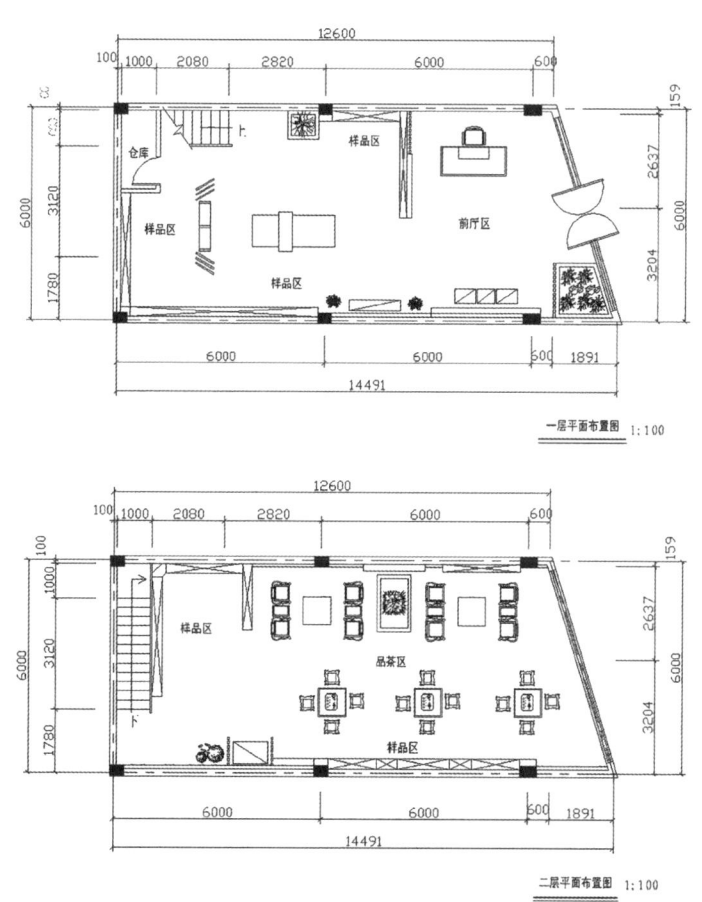

图8-1 某茶叶店平面布置图

（3）顶面图。主要表现内容有层高、吊顶造型与尺寸、材质、灯具及位置、空调风口位置等，图纸常用比例为1∶100、1∶50。（如图8-2所示）

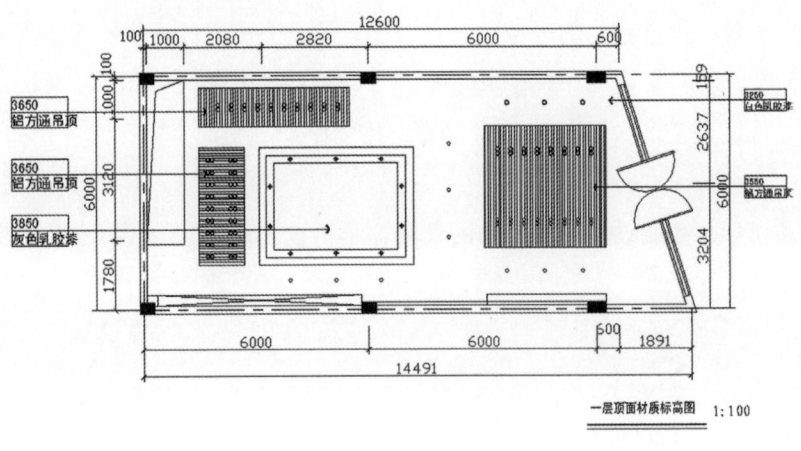

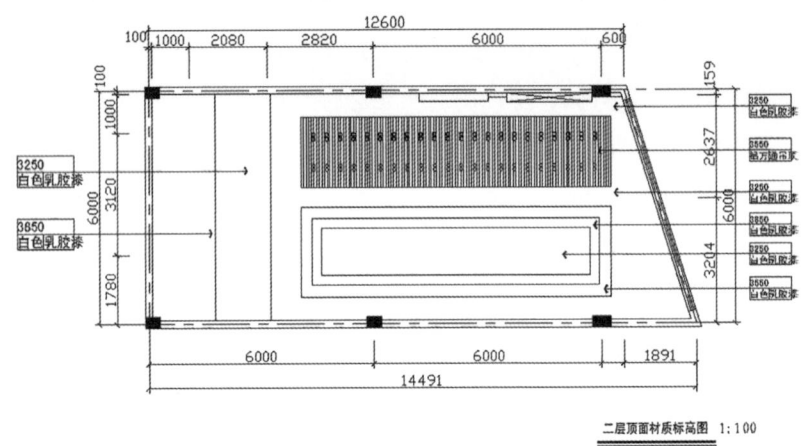

图 8-2 某茶叶店顶棚图

（4）立面图。主要表现墙面、隔断、立面门窗、橱柜等空间中垂直方向的造型、材质和尺寸等相关内容，图纸常用比例为 1∶100、1∶50。（如图 8-3、图 8-4 所示）

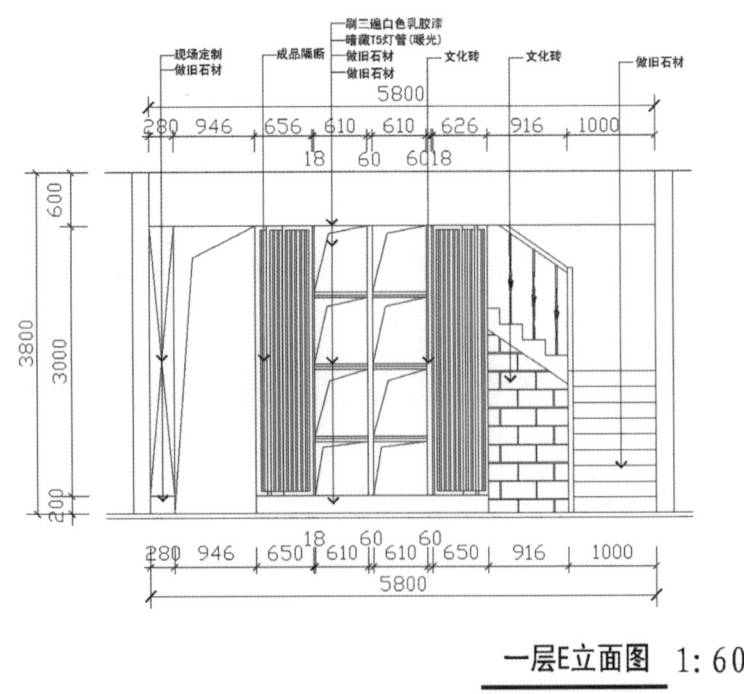

图 8-3 某茶叶店局部立面图（1）

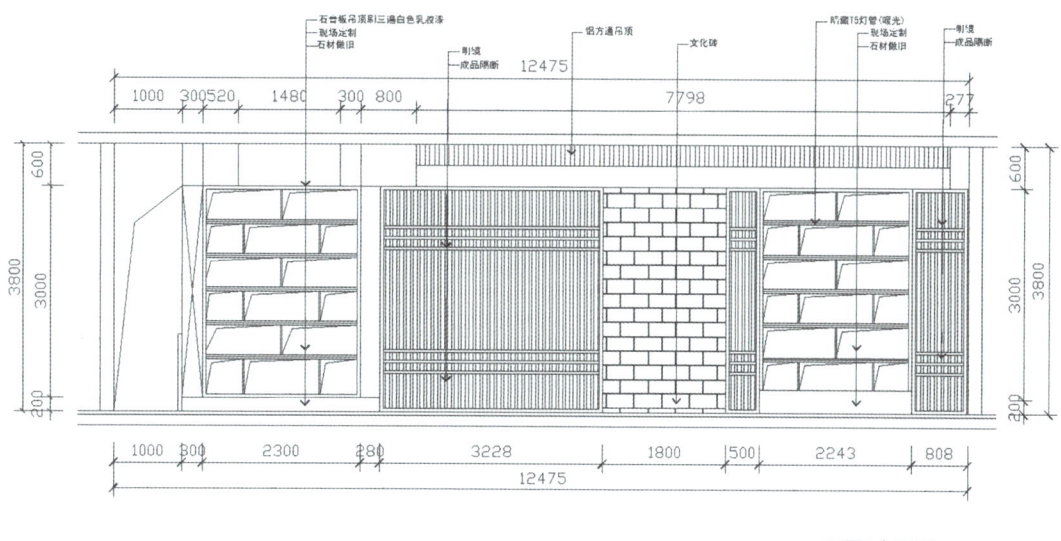

图 8-4　某茶叶店局部立面图（2）

（5）效果图。依据平面图、顶面图、立面图的真实尺度，绘制主要空间的场景效果，图纸能够真实反映商业空间形态、照明设计、材质等。（如图 8-5～图 8-8 所示）

（6）文本制作。包括设计说明、概念生成、基本图纸、效果图、概算报价、PPT 或动画演示文件。

图 8-5　某茶叶店一层效果图（1）

图 8-6　某茶叶店一层效果图（2）

图 8-7　某茶叶店一层效果图（3）

图 8-8　某茶叶店一层效果图（4）

三、施工图设计

草图阶段是以"构思"为主要内容，方案阶段是以"表现"为主要内容，施工图阶段是以"标准、规范"为主要内容。施工图着眼于施工制造的实施，将设计的意念以详细的图画及文字予以说明，作为建造者具体实施的依据。因此，施工图的内容要在制作方法、构造说明（剖面、节点、细部大样图及设备管线图）、详细尺寸、表现处理等方面有明确的示意。

在这一阶段，要产生的文件包括施工图、施工详细说明、设计更改要求、责任规定等。设计不仅要符合各种法律法规，还要明确建筑过程中各方的责任，满足建筑过程中各种技术要求。

四、设计实施

设计实施阶段即工程的施工阶段。在工程施工前，设计人员要向施工单位进行设计意图说明及图纸的技术交底；工程施工期间，按图纸要求核对施工实况，并根据现场实况提出对图纸的局部修改或补充意见（由设计单位出具修改通知书）；施工结束时，会同质检部门和建设单位进行工程验收。

第二节　商业空间的效果表现

商业空间的效果表现是设计方案阶段中的一部分，是把对商业空间的计划、规划、设想通过视觉的形式表达出来的一种活动过程，具有直观性和普遍性的特点。如今商业空间的效果表现分为手绘效果表现和电脑软件表现两大类。

一、手绘效果表现

手绘图是商业空间设计方案阶段的主要表现方法，手绘效果表现生动、概况、快速，是设计师眼、脑、手协调配合的表现，能帮助业主迅速了解设计者的意图，使项目顺利承接。

1. 铅笔表现

铅笔笔触松软，层次分明，表现力丰富，可任意涂擦，易于表现线的形态和面的光影变化。现如今彩色铅笔备受设计师们的喜爱，它简单、方便，易掌握。相对于铅笔表现而言，彩色铅笔的色彩、种类繁多，可绘制多种颜色和线条，可以非常细腻地表现各种商业场景效果，快速画出光感及色调变化，表达商业空间的用色、材质和氛围。常用的有水溶彩铅和油性彩铅。水溶彩铅可以在绘画后，用毛笔蘸水画出水彩的效果，有种薄而粉的感觉；油性彩铅有种油而亮的感觉。（如图8-9所示）

图 8-9　铅笔表现效果

2. 钢笔表现

钢笔笔触色泽较深，线条肌理感强，表现效果快速、准确、简练，能以各种线形表达商业空间的立面曲折、凹凸美感、空间环境配景与造型细节等，组成流畅美观的画面。钢笔表现效果兼容性强，在线条表达之后，还可与其他多种表现结合起来，如水彩、彩铅、马克笔等。（如图 8-10 所示）

3. 马克笔表现

马克笔色彩丰富，质地光滑，落笔流畅，笔触明显。一般先用钢笔线稿打底，上色顺序是由浅到深，上色后不易修改，因此用笔要干脆利落，用最少的颜色表达最佳的空间效果。笔随形体走，在弧面和圆角处要进行顺势变化，注意笔触间的排列和秩序，以体现笔触本身的美感，不可零乱无序。（如图 8-11 所示）

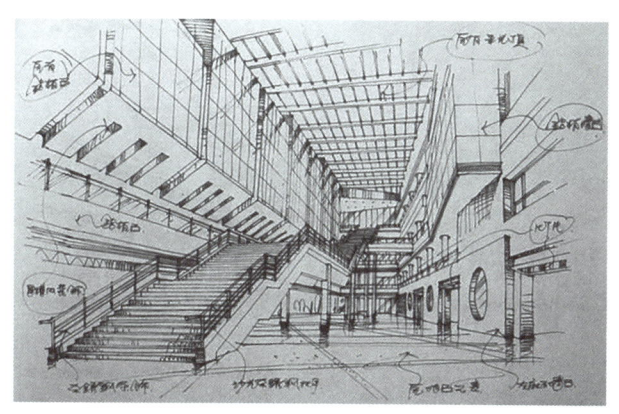

图 8-10 钢笔表现效果

图 8-11 马克笔表现效果

4. 水彩表现

水彩是用水与色的变化来描绘景物的。水彩颜色在水的调合下相互渗化，流动所产生的色彩变化是其他画种所不能达到的。水彩明快、洒脱，感染力强，透明度高，讲究空间的虚实和深远的意境，善于发挥水色交融流动所产生的复杂变化去表现艺术形象。着色较深，长时间保存也不易变色。（如图 8-12 所示）

5. 水粉表现

水粉色彩饱和、浑厚，表现力强，层次鲜明，覆盖力强，能深入地表现空间形象。但水粉表现也存在一定的局限性，如颜色含粉量大，干湿变化大，较难表现丰富微妙的中间层次。水粉薄涂有轻快、透明的效果，调色时要加入较多的水分，颜

图 8-12 水彩表现效果

料稀薄，宜表现远景和暗景。（如图 8-13 所示）

图 8-13　水粉表现效果

6. 喷笔表现

喷笔表现惟妙惟肖，明暗层次细腻自然，色彩柔和，能表现出细致的线条和柔软渐变的效果。喷笔可以更均匀地喷涂涂料，控制涂料的厚薄以表现色彩轻重、明暗等细微差别，易于大面积喷色而不产生色差。喷笔表现的底稿多为铅笔稿，先喷主色调，再表现细节，最后配景。

二、电脑软件表现

随着科技的发展和效率的提高，效果图表现由原先单一的手绘方式一跃成为电脑和手绘两种方式并行，电脑软件在科学性、运作效率等方面存在优势，给手绘效果表现造成了巨大的压力。但在今后的发展中，电脑软件表现和手绘效果表现是互融、互补存在的状态。

1. 电脑工程制图

在商业空间设计中，借助 AutoCAD 等软件精确地绘制出空间设计过程中的所有工程图纸。电脑工程制图精确、高效，方便修改，一般设计师在空间构思完成后，通过 AutoCAD 软件把设计构思以平面图、立面图、顶棚图、节点大样及相关的水电等图纸形式表现出来，AutoCAD 文件兼容性好，文件容量小，方便网络传输，便于各工种之间的协作。

2. 电脑效果图

电脑效果图是设计师通过一些设计常用软件，比如 3ds Max、Photoshop 等设计软件，配合一些制作效果软件（VRay、Lightscape 等）来表现设计师在设计项目实现前的一种理想状态下的效果表现。

电脑效果图表现的空间形态最大限度地接近现实,不仅可以让业主更容易理解设计师的意图,还可以让设计师更好地表达设计理念。(如图 8-14、图 8-15 所示)

图 8-14　3ds Max 软件制作效果图(1)　　　　图 8-15　3ds Max 软件制作效果图(2)

商业空间电脑效果表现常用 3ds Max 或基于 Auto CAD 平台开发的三维软件进行空间建模,用 3ds Max 自带渲染器或 VRay、Lightscape 进行渲染,渲染出的图像文件用二维图像处理软件,如 Photoshop,进行润色和细节处理,使透视效果更加生动逼真。

【思考与练习题】

1. 商业空间的设计程序包括哪几个阶段?各阶段相应解决哪些问题?
2. 手绘专卖商店销售空间效果图,采用 3 种不同的手绘效果表现形式,A3 纸张大小。
3. 设计题目:某品牌服饰专卖店空间设计。

　　要求:空间面积为 1500cm×3000cm,层高 3.5m,经营风格不限。

　　图纸要求:平面图、立面图、顶棚图和效果图。

【商业空间案例】某综合性商场

该商场项目位于地下一层至五层,约 46400 平方米,地下一层设有超市,一层设有化妆品类、女鞋类、珠宝类、钟表类销售区,二层为女装类,三层为女装类和儿童用品销售区,四层为男装、时尚休闲装及男士配件销售区,五层设有运动、户外用品销售区及餐饮区。(如图 8-16~图 8-61 所示)

图 8-16　挑空区设计　　　　　　　　　　　图 8-17　挑空区垂直电梯

商场设计将电扶梯的挑空区域赋予了一定的功能,设置了一些吸引眼球的亮点,有助于将人流自低楼层引至高楼层。各楼层的天花板和地坪均采用线条元素。倾斜的线条从 30 度到 90 度变化,既赋予各楼层独特的设计,又将同样的基调自地下一层延伸至五层。特殊区域的设计,如电梯厅、连廊、超市,乃至共享空间或内衣区等,与其他区域相比,略显"不同"。这些特殊区域采用了更加流畅的设计,通过椭圆或圆的造型,与直线条相互平衡。

图 8-18 挑空区垂直电梯

方案整体采用中性色调,从奶油色到浅棕色过渡与变化。天花板、门楣和地坪采用了天然材质,搭配金属、PVC 等技术性材料。一层地坪采用浅棕色、米色搭配略显粉色、橙色的石材,营造一种温暖的效果。三种石材根据不同的尺寸沿通道方向铺设。三种不同的中性色彩运用于天花板造型中,两侧为不同颜色的石膏天花板,中间一条为亚光面的金属板。

二层的两个共享空间均设置在通道的交汇处,将原本通道中有柱子的空间扩大,通过独特的椭圆造型营造更加有活力的氛围。天花板与地坪相互映衬的椭圆空间将形成一个微型广场,在整个楼层平面中形成两个焦

图 8-19 地下一层平面图

点，对人流动线更加有利。内衣区的设计灵感来源于树叶与自然。从面对公共通道的屏风，到内衣区门楣的设计，乃至背光的天花效果，都融合了树叶的设计元素。

三层儿童区是一个特别为孩子们设计的"新世界"。彩色的天花与门楣，圆滑无尖角的线条对孩子们来说也避免了磕碰的危险。童装区内部设计了一处儿童乐园，将一个立柱设计成了五彩树，天花板上悬挂着各种玩具、小熊吊灯，营造了舒适轻松的童趣空间。

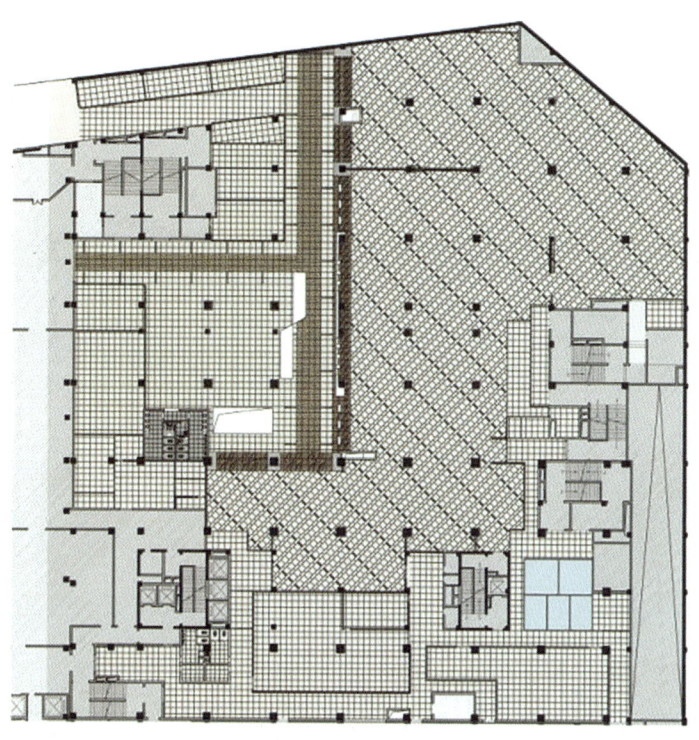

图 8-20　地下一层地坪图

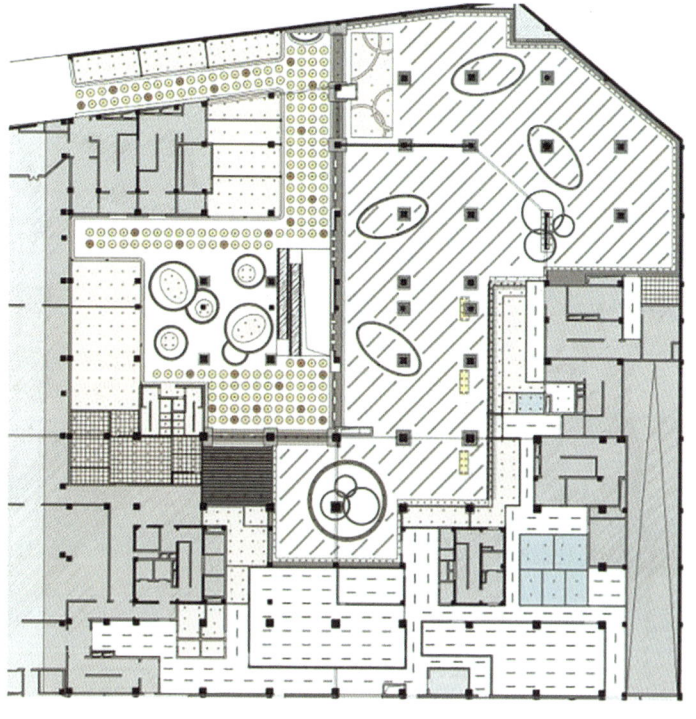

图 8-21　地下一层天花图

图 8-22　超市内面包销售区效果图

图 8-23　超市内鱼类、肉类销售区效果图

图 8-24　超市内蔬果销售区效果图

图 8-25　超市内熟食销售区效果图

图 8-26　超市内促销展示区效果图

图 8-27　超市出口及外租店铺

图 8-28　超市外中岛店铺

图 8-29　超市外自动扶梯通道及店铺

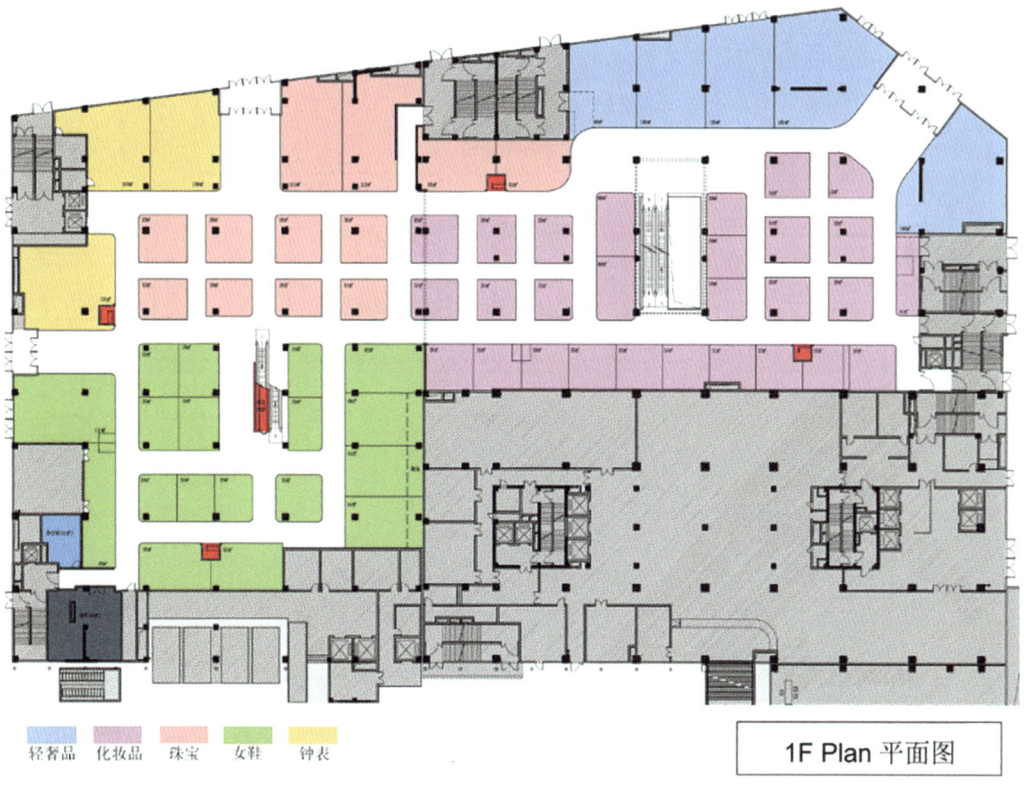

图 8-30　一层平面图

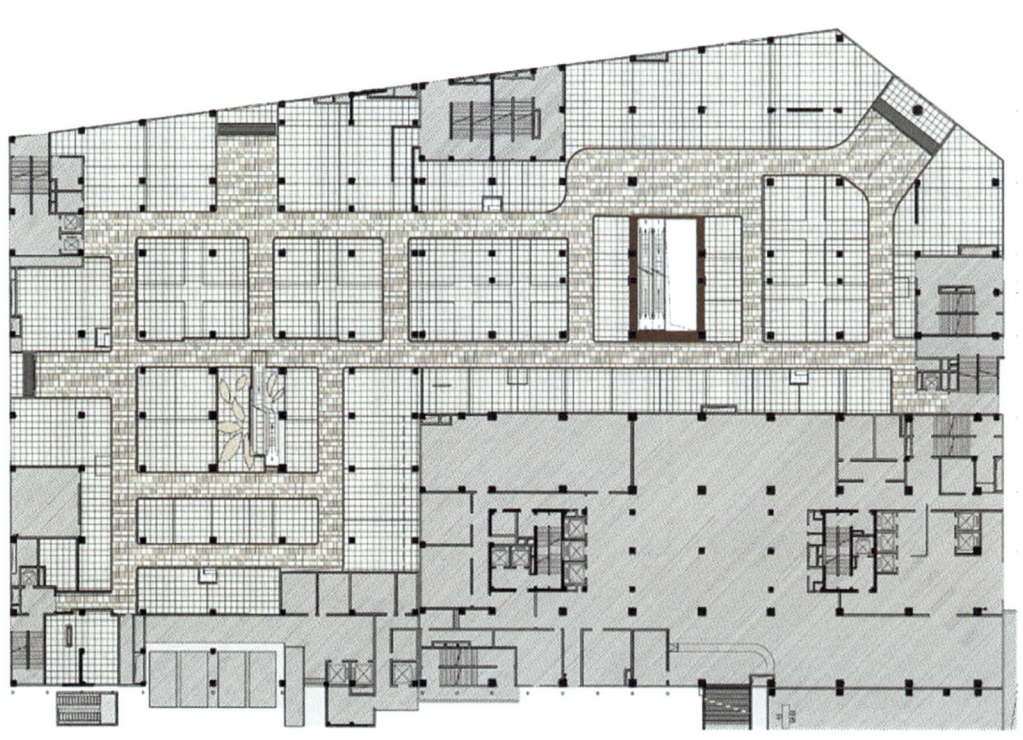

图 8-31　一层地坪图

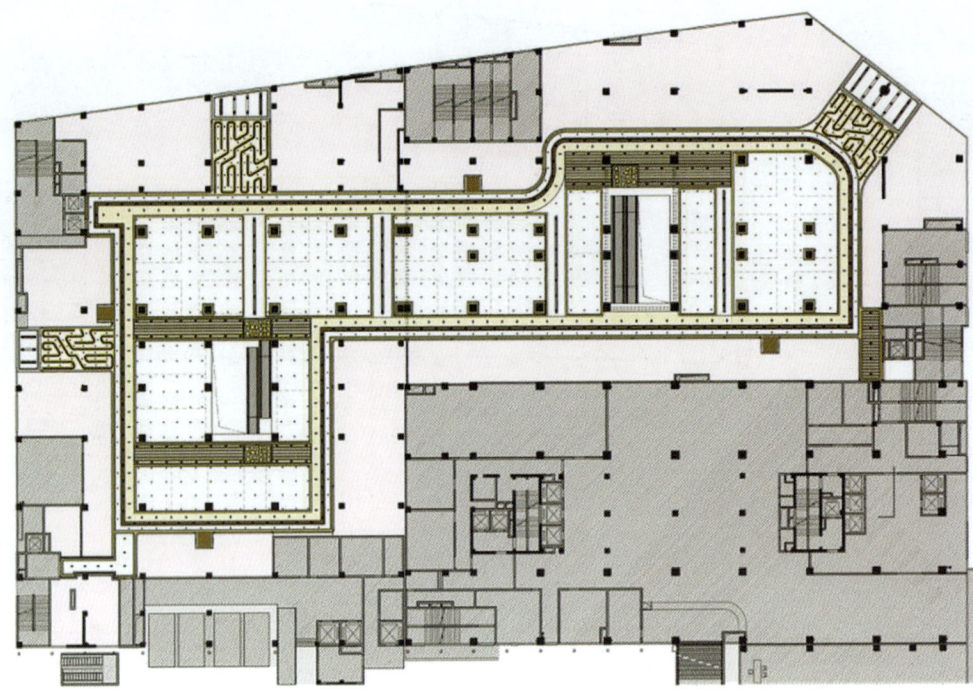

图 8-32 一层天花板图

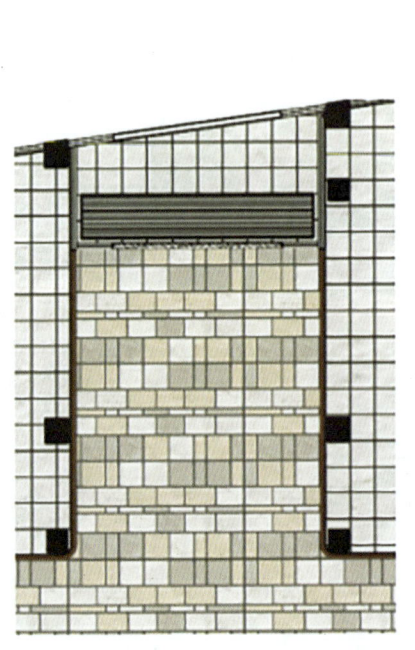

图 8-33 一层入口地坪

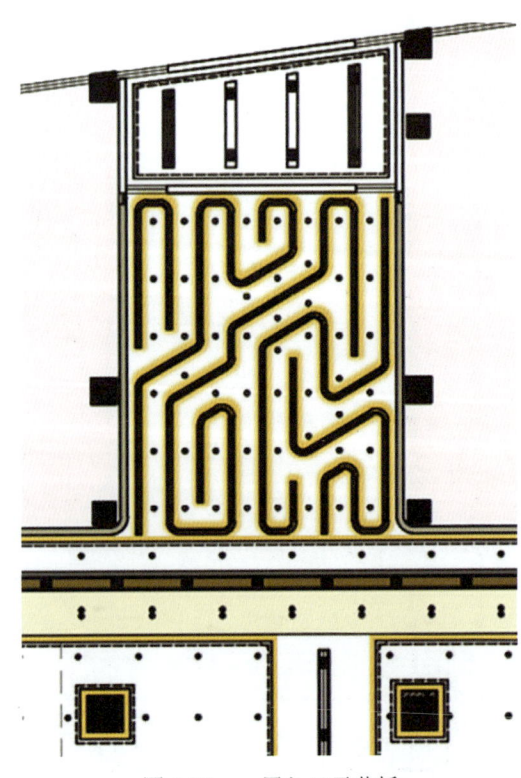

图 8-34 一层入口天花板

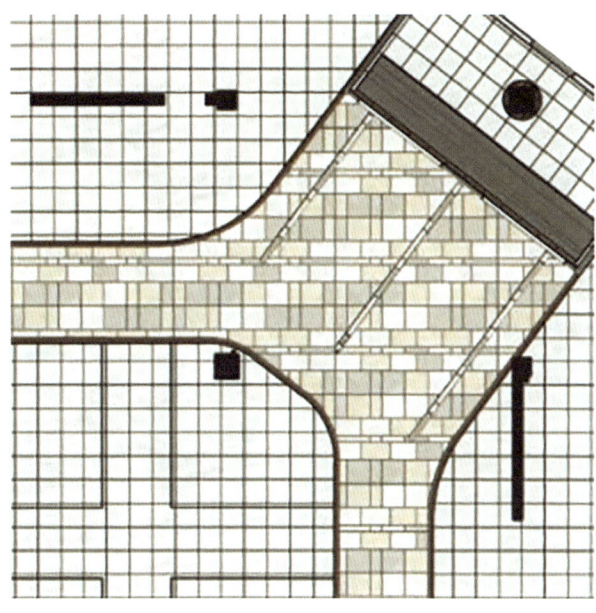
图8-35　一层转角入口地坪

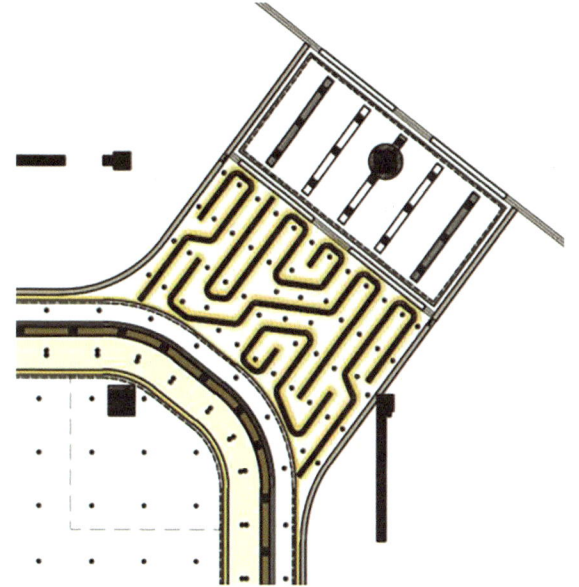
图8-36　一层转角入口天花板

图8-37　一层扶梯厅效果图

图8-38　一层侧入口效果图

图8-39　一层转角入口效果图

图8-40　一层主通道效果图

图 8-41 一层次通道效果图

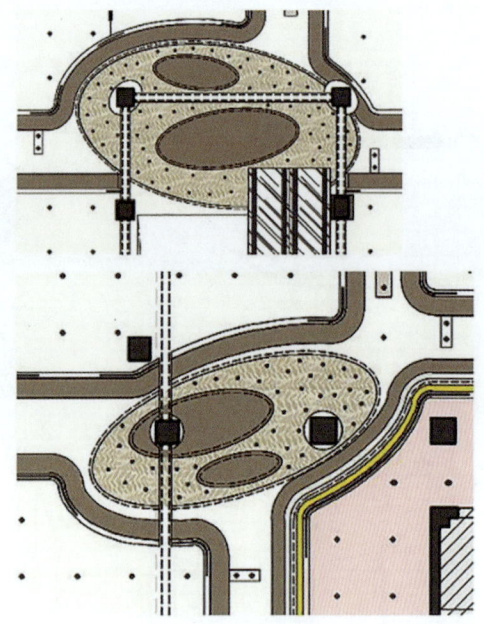

图 8-42 二层重点区域天花板

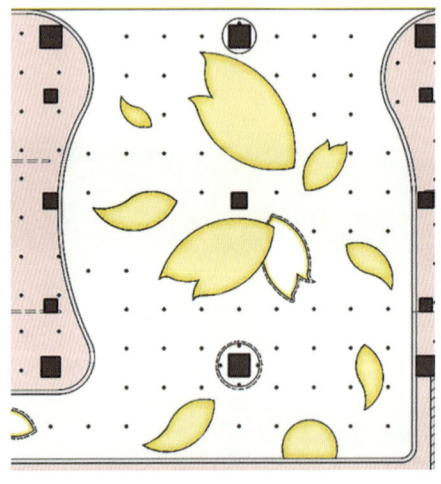

图 8-43 二层重点区域天花板

图 8-44 二层内衣区入口效果图

图 8-45 二层共享空间效果图（1）

图 8-46 二层共享空间效果图（2）

图 8-47 二层连廊效果图

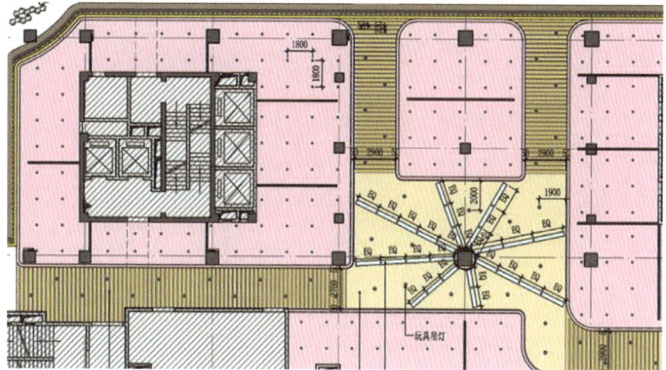
图 8-48 三层儿童区天花板

图 8-49 三层儿童区效果图

图 8-50 三层儿童区入口效果图

图 8-51 三层连廊效果图

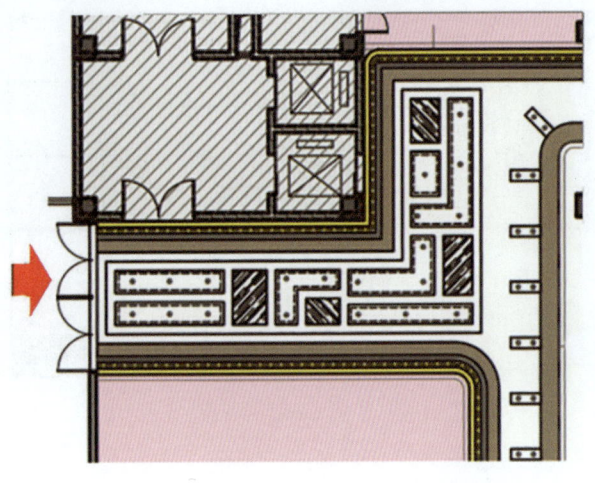
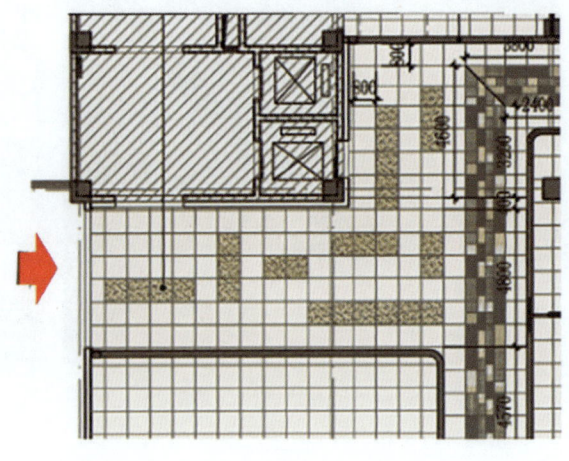

图 8-52　三层连廊天花板与地坪

图 8-53　三层共享空间效果图（1）　　　　图 8-54　三层共享空间效果图（2）

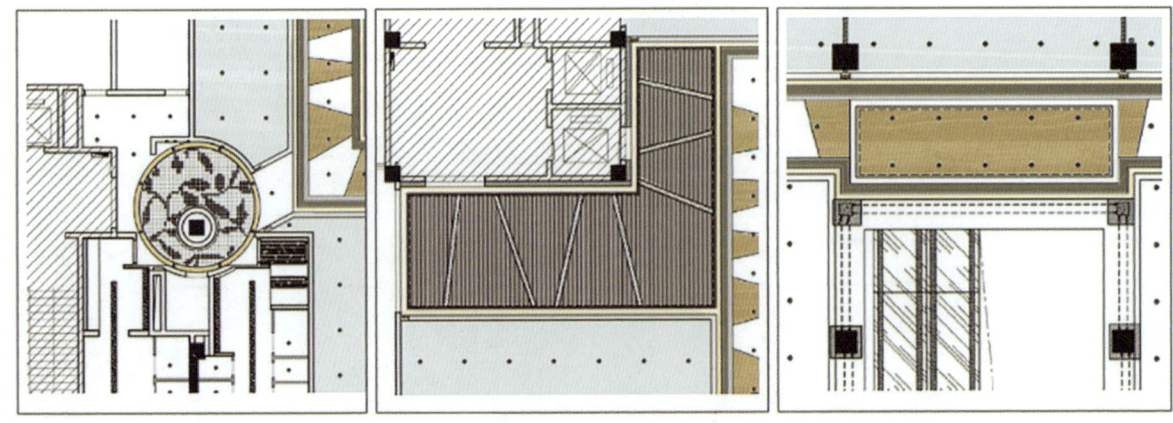

图 8-55　卫生间休息厅、四层连廊、扶梯厅天花板

图 8-56 卫生间休息厅效果图

图 8-57 四层连廊效果图

图 8-58 扶梯厅效果图

图 8-59 五层餐饮区

图 8-60 5～6 层扶梯区

图 8-61　不同楼层的女卫生间

参考文献

[1] 汪建松. 商业展示与设施设计 [M]. 北京：中国建筑工业出版社，2004.
[2] 周昕涛，闻晓菁. 商业空间设计基础 [M]. 上海：上海人民美术出版社，2012.
[3] 彭军，鲁睿. 商业空间设计 [M]. 天津：天津大学出版社，2011.
[4] 张健，李禹. 现代商业空间设计与实训 [M]. 沈阳：辽宁美术出版社，2014.
[5] 龙燕等. 商业空间设计 [M]. 沈阳：辽宁美术出版社，2011.
[6] 林静，杜鹃，陈璞. 商业空间展示设计 [M]. 北京：机械工业出版社，2011.
[7] 张绮曼. 室内设计资料集 [M]. 北京：中国建筑工业出版社，1991.
[8] 韩放. 购物空间规划与设计 [M]. 福州：福建科学技术出版社，2004.
[9] 陈同纲. 现代室内装饰手册·商厦店堂篇 [M]. 北京：中国计划出版社，2000.
[10] 谢明洋. 环境艺术设计手绘表现 [M]. 沈阳：辽宁美术出版社，2012.
[11] 张志颖. 商业空间设计 [M]. 长沙：中南大学出版社，2007.
[12] 郭立群. 商业空间设计 [M]. 武汉：华中科技大学出版社，2008.
[13] 周长亮，李远. 商业空间设计 [M]. 北京：中国电力出版社，2008.
[14] 王晓，闫春林. 现代商业建筑设计 [M]. 北京：中国建筑工业出版社，2012.

相关网站：
1. LOFT 中国 http://loftcn.com/
2. 拼装网 http://www.53tian.com/
3. 设计之家 http://www.sj33.cn/
4. 第一视觉 http://www.vision1.cn/
5. 九洲远景 http://www.landvision.cn/